中等职业教育课程改革国家规划新教材配套用书

机械制图与计算机绘图习题集

（通　用）

第2版

主　编　任国兴　张　伟
副主编　姚成伟　陈　丽
参　编　徐　倩　张平历　肖　扬
主　审　李　芳　朱　晗

机械工业出版社

本习题集是任国兴、张伟主编的中等职业教育课程改革国家规划新教材《机械制图与计算机绘图（通用）》第2版的配套用书，是根据教育部发布的《中等职业学校机械制图教学大纲》编写的。

本习题集的编写顺序与主教材基本一致，主要内容包括手工绘制平面图形、计算机绘图技能训练、运用三视图表达几何图形、零件的表达和运用 AutoCAD 2021 绘制装配图五个单元。

本书可作为中等职业学校工程技术类各专业教学用书，也可作为工程技术人员岗位培训教材。

图书在版编目（CIP）数据

机械制图与计算机绘图习题集：通用/任国兴，张伟主编．—2版．—北京：机械工业出版社，2023.7

中等职业教育课程改革国家规划新教材配套用书

ISBN 978-7-111-73350-8

Ⅰ.①机… Ⅱ.①任… ②张… Ⅲ.①机械制图-中等专业学校-习题集 ②自动绘图-中等专业学校-习题集 Ⅳ.①TH126-44

中国国家版本馆 CIP 数据核字（2023）第107992号

机械工业出版社（北京市百万庄大街22号　邮政编码100037）

策划编辑：汪光灿　　责任编辑：汪光灿　赵文婕

责任校对：宋　安　李　杉　　责任印制：单爱军

北京联兴盛业印刷股份有限公司印刷

2023年9月第2版第1次印刷

260mm×184mm · 11.25印张 · 139千字

标准书号：ISBN 978-7-111-73350-8

定价：32.00元

电话服务　　网络服务

客服电话：010-88361066　　机　工　官　网：www.cmpbook.com

010-88379833　　机　工　官　博：weibo.com/cmp1952

010-68326294　　金　书　网：www.golden-book.com

机工教育服务网：www.cmpedu.com

前　言

本书是任国兴、张伟主编的中等职业教育课程改革国家规划新教材《机械制图与计算机绘图（通用）》第2版的配套习题集，是根据教育部发布的《中等职业学校机械制图教学大纲》编写的。习题集的编写顺序与主教材一致，主要内容包括手工绘制平面图形、计算机绘图技能训练、运用三视图表达几何图形、零件的表达和运用AutoCAD 2021绘制装配图五个单元。

本书由江苏省安全职业技术学院任国兴、江苏省铜山中等专业学校张伟任主编，江苏省铜山中等专业学校姚成伟和江苏省安全职业技术学院陈丽任副主编。江苏省铜山中等专业学校徐倩、张平历、肖扬参与编写。全书由江苏省铜山中等专业学校李芳、朱晗主审。本书在编写过程中，得到了徐州经济开发区工业学校王军、李长安、秦雪，邳州市职业教育中心顾传永、张永，铜山县机电工程学校王昌胜，徐州市机械工业学校黄洪松，徐州市第三职业高级中学郭继明，徐州市职业教育中心赵艳华，徐州经贸高等职业学校贾玉的大力支持与帮助，在此表示衷心的感谢。

由于编者水平有限，书中不妥之处在所难免，恳请读者批评指正。

编　者

目　录

第一单元　手工绘制平面图形

1-1　简单平面图形的绘制（一）

1. 在指定位置绘制并补全各种图线和图形

2. 在给定的尺寸线上画出箭头，填写尺寸数字或角度数字（数值按 1∶1 的比例从图中量取，并取整数）

（1）

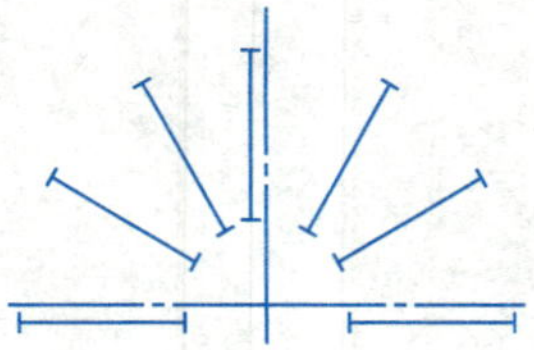

（2）

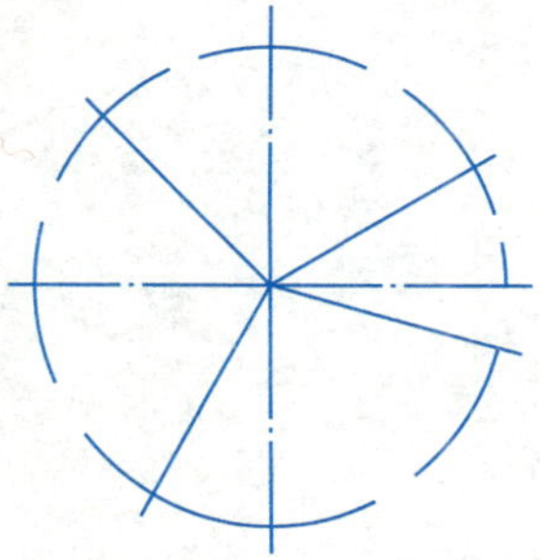

3. 在下列图形中标注箭头和尺寸数值（按 1∶1 的比例从图中量取，并取整数）

（1）

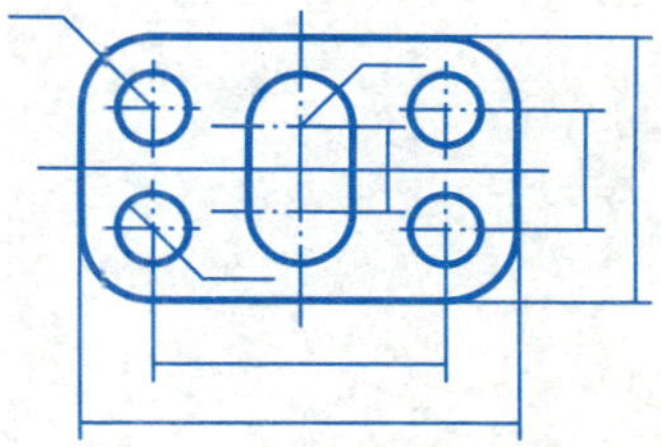

（2）

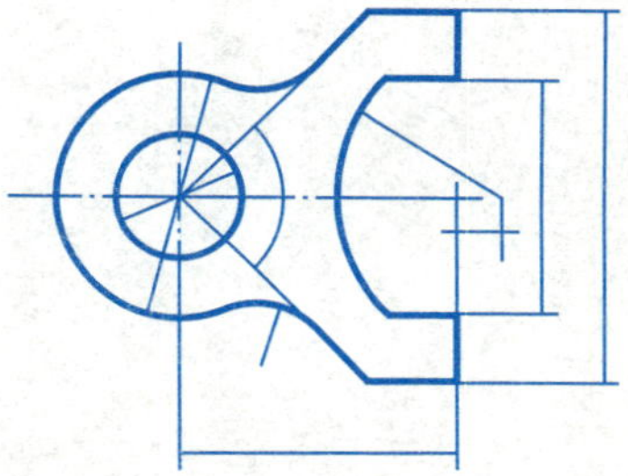

4. 参照所示图形，用 1∶2 的比例在指定位置绘制全图形的轮廓，并标注尺寸

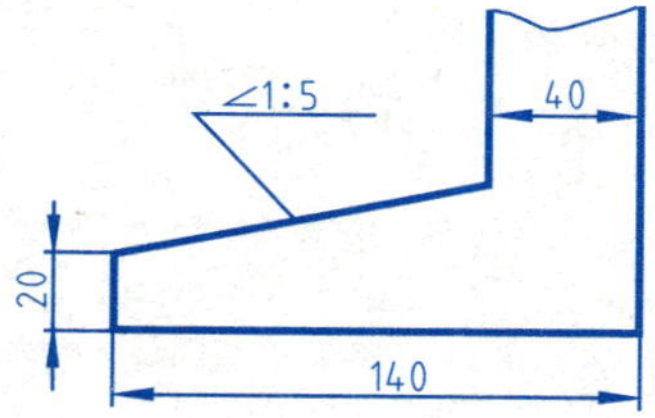

班级　　姓名　　学号　　审核

5. 参照所示图形，用 1 : 1 的比例在指定位置绘制全图形的轮廓，并标注尺寸

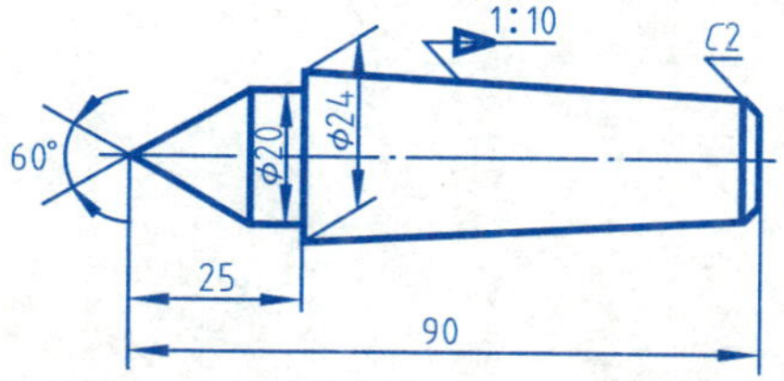

6. 已知椭圆长轴为 60mm、短轴为 40mm，用四心圆弧法按 1 : 1 的比例绘制该椭圆

7. 在空白处抄画所给图形的轮廓，不标注尺寸

(1)

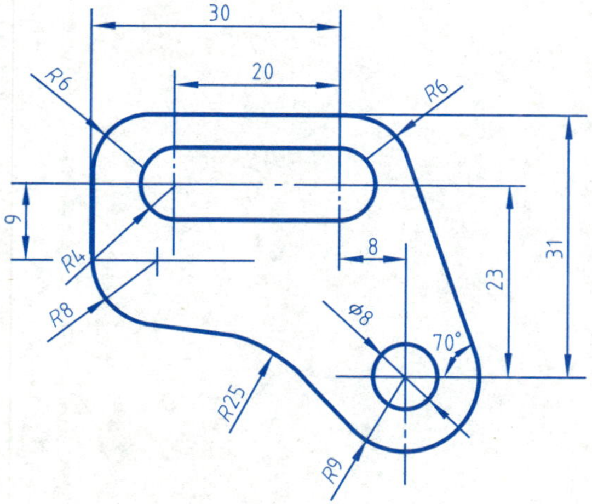

(2)

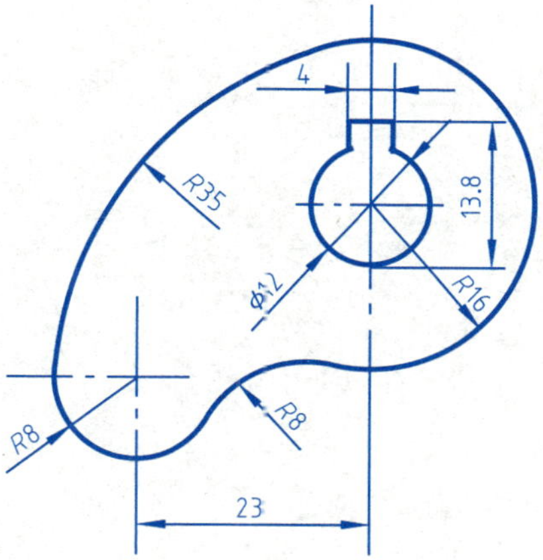

8. 按 1 : 1 的比例，在指定位置绘制下列平面图形

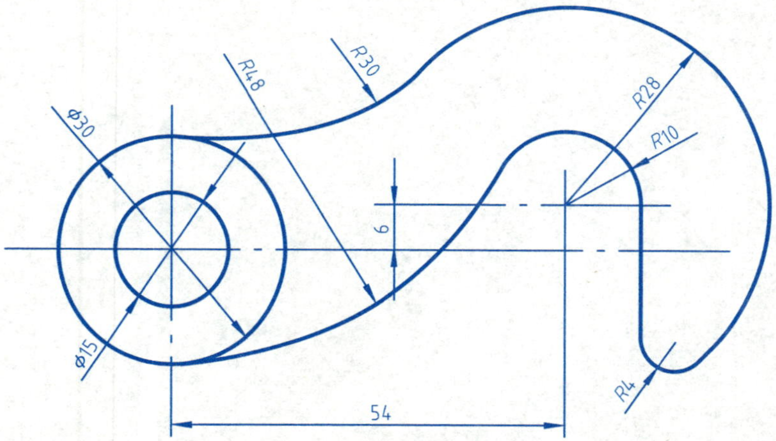

1. 目的与要求

（1）目的 逐步掌握国家标准《技术制图》的有关内容，掌握绘图仪器和工具的使用方法。

（2）要求 图形正确，布局适当，线型合格，字体工整，符合国家标准要求，图面整洁。

2. 内容

1）抄画线型（不注尺寸）。

2）从零件轮廓中任选一个图形，抄画并标注尺寸。

3. 图名、图纸幅面、比例

1）图名：综合练习。

2）图纸幅面：A3。

3）比例：1∶1。

4. 绘图步骤及注意事项

1）绘图前应仔细分析、研究所画图形，以确定正确的作图步骤，特别要注意零件轮廓线上圆弧连接的各切点及圆心位置必须正确作出，在图面布置时还应考虑预留标注尺寸的位置。

2）线型：粗实线宽度为0.7~1.0mm，虚线及细实线宽度为粗实线的1/2，虚线长度约为4mm，间隙为1mm，点画线长为15~20mm，间隙及点共约为3mm。

3）字体：图中的汉字均写成长仿宋体，标题栏内图名及图号为10号字，校名为7号字，姓名写在“制图”栏内，用5号字。

4）箭头：宽为0.7~0.9mm，长为宽的4倍左右。

5）完成底稿后，经仔细校核后方可加深。用铅笔加深时，圆规的铅芯应比绘制直线的铅笔芯软一号。

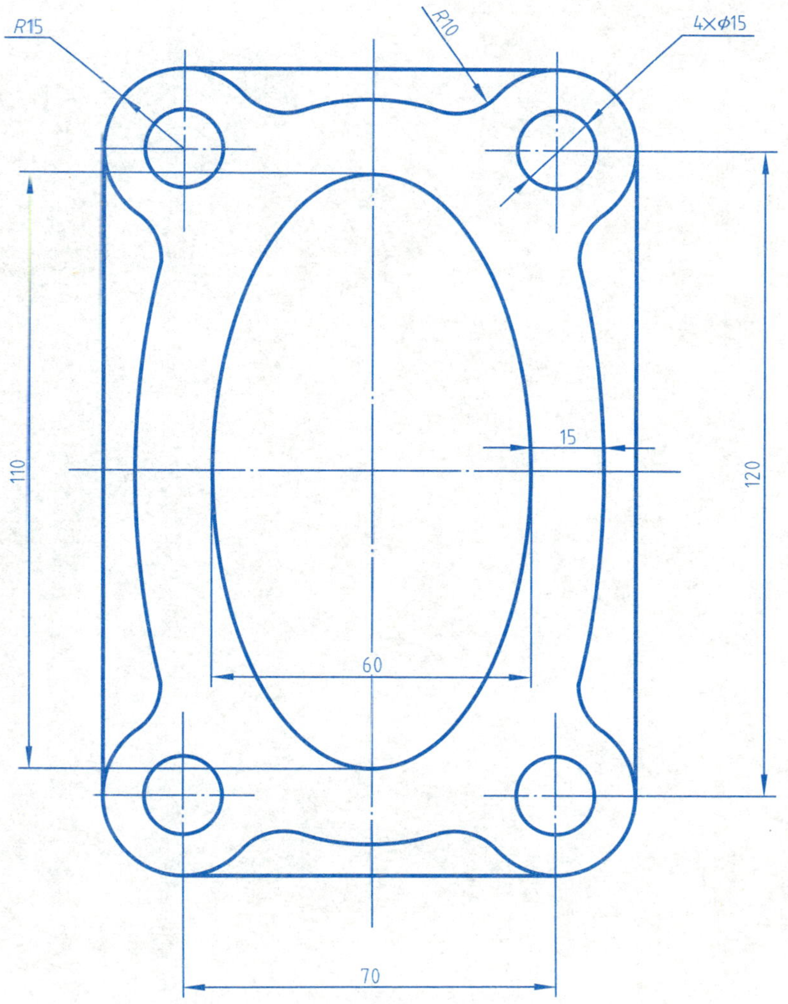

1-2 综合训练（二）

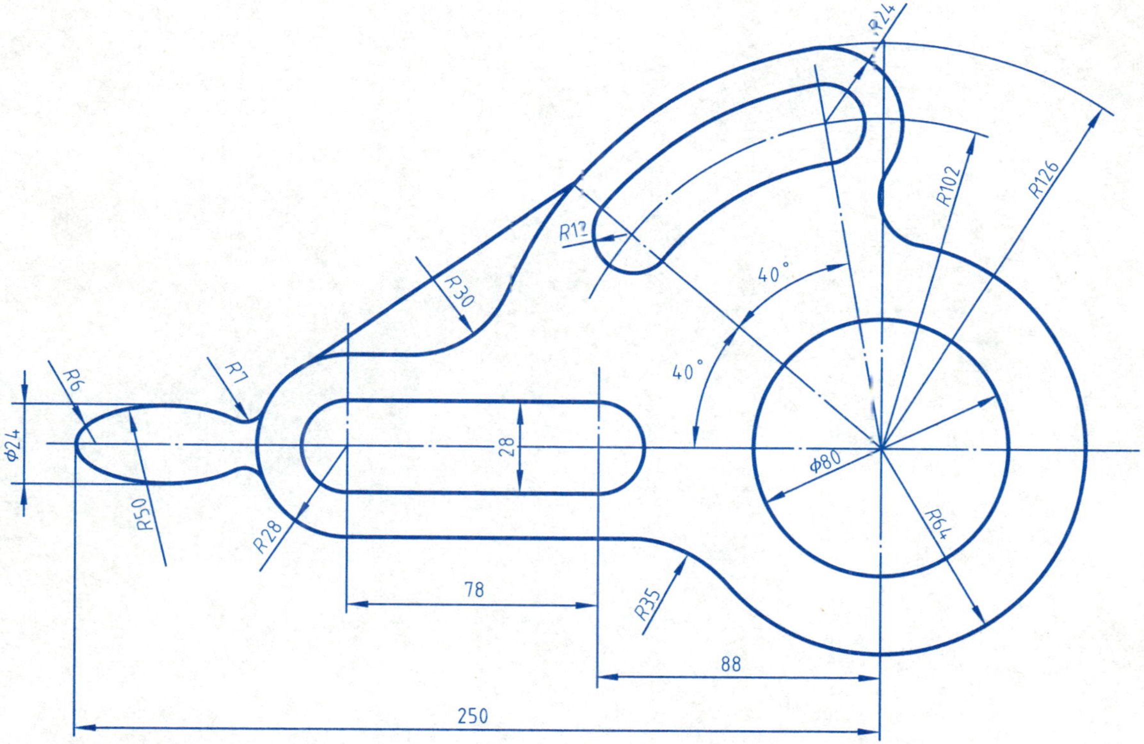
R24
R126
R102
R12
40°
40°
R30
R6
R7
Φ24
28
R50
R28
Φ80
R64
78
R35
88
250

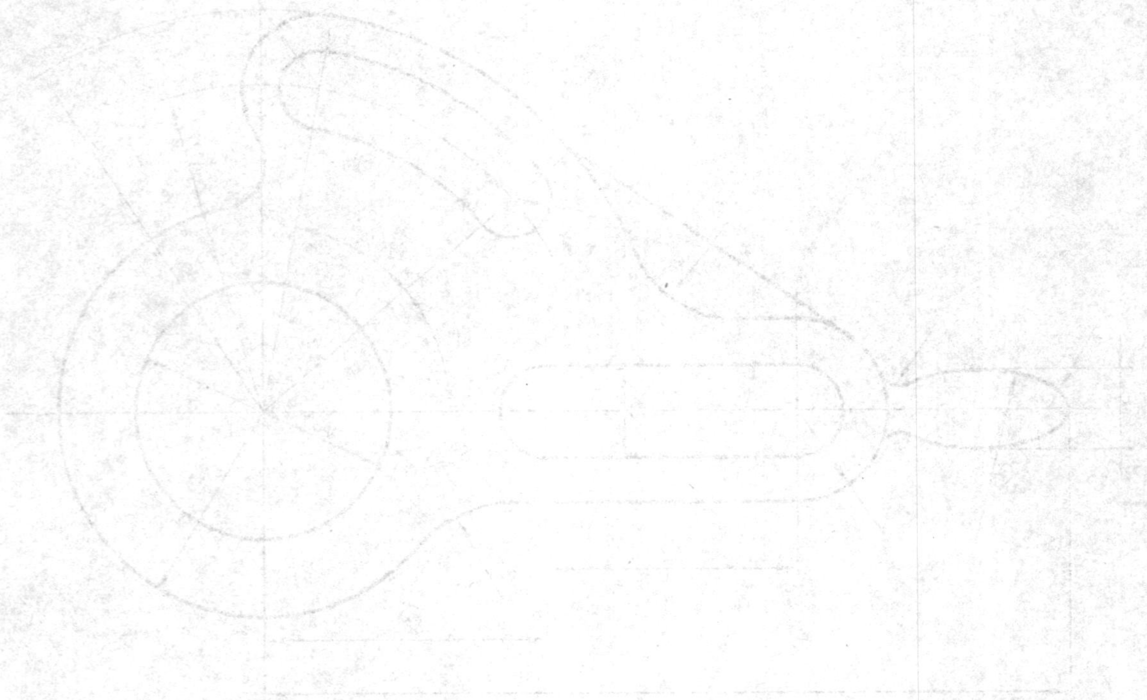

工程图中的字体要求采用长仿宋体并应做到字体端正笔画清楚排列整齐间隔均匀

数字和字母一般用斜体输出汉字输出一般采用正体小数点和标点符号占一个字位

字高有系列规定技术制图机械电子汽车航空船舶土木建筑矿山井坑港口纺织服装

A B C D E F G H I J K L M N O P Q R S T U V W X Y Z 0 1 2 3 4 5 6 7 8 9

a b c d e f g h i j k l m n o p q r s t u v w x y z α β γ δ θ Φ X ±

班级 姓名 学号 审核

第二单元　计算机绘图技能训练

2-1　利用 AutoCAD 抄绘图形

1.

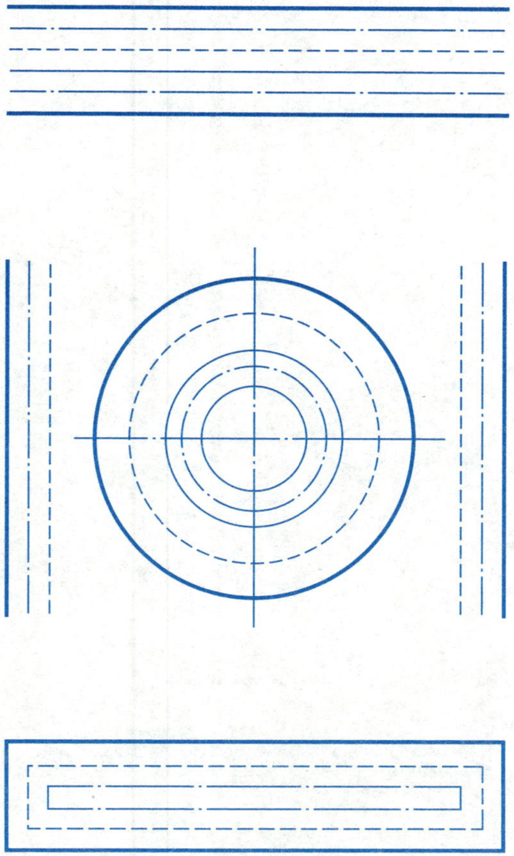

2.

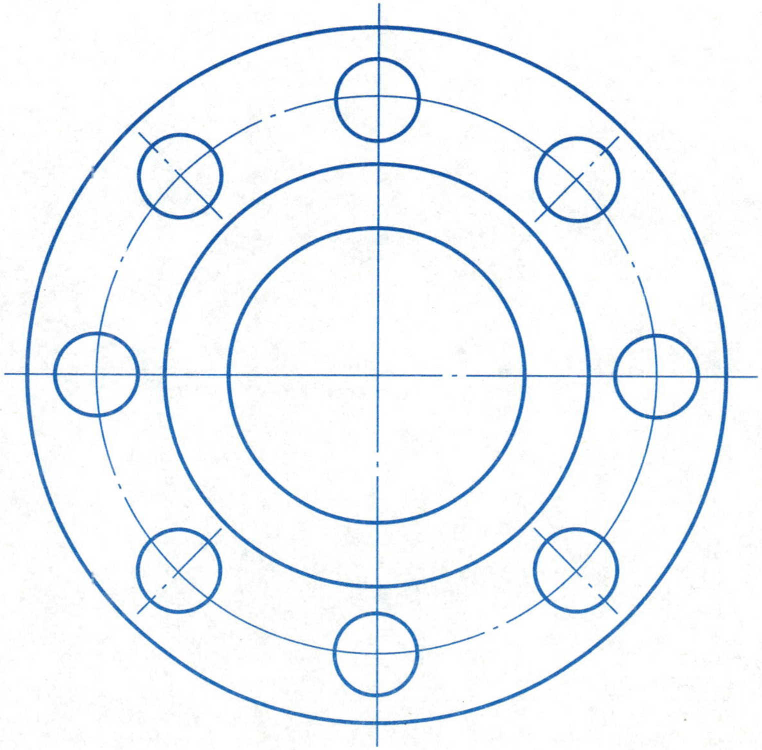

班级　　　　姓名　　　　学号　　　　审核

2-2 利用 AutoCAD 按尺寸绘制图形（一）

1.

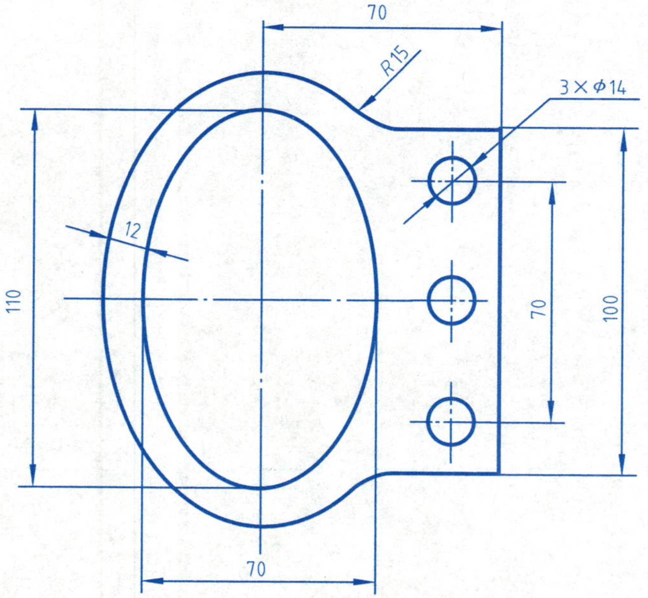

2.

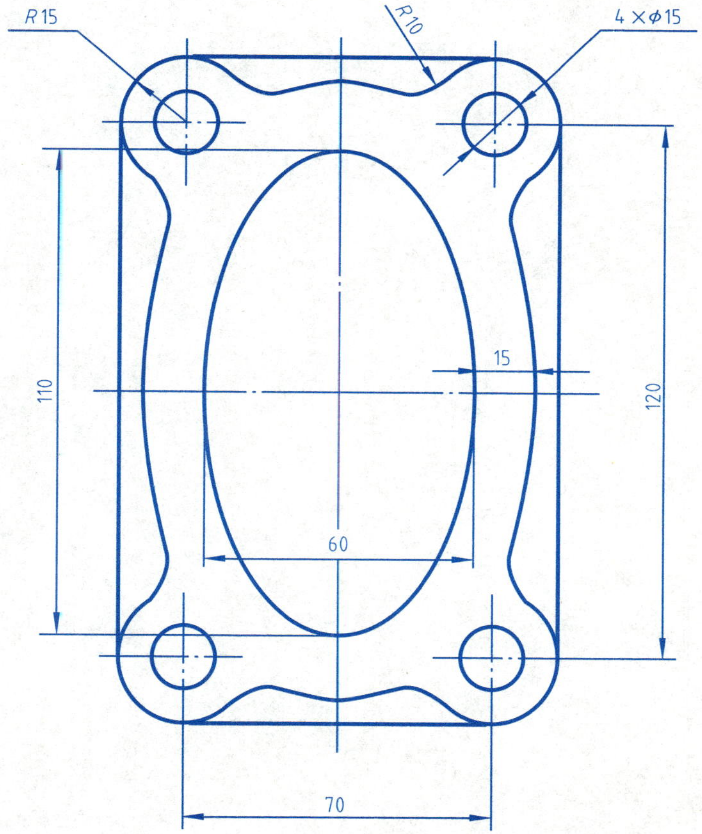

3.

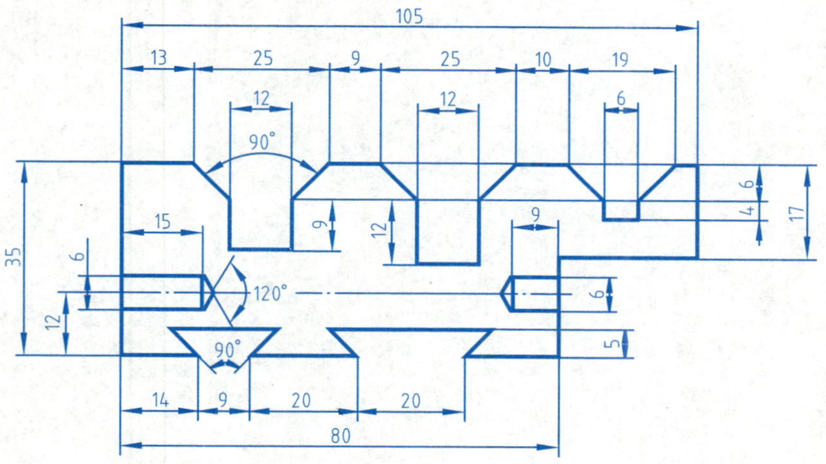
105
13
25
9
25
10
19
12
12
6
90°
6
4
17
9
12
15
9
35
6
12
120°
6
5
90°
14
9
20
20
80

4.

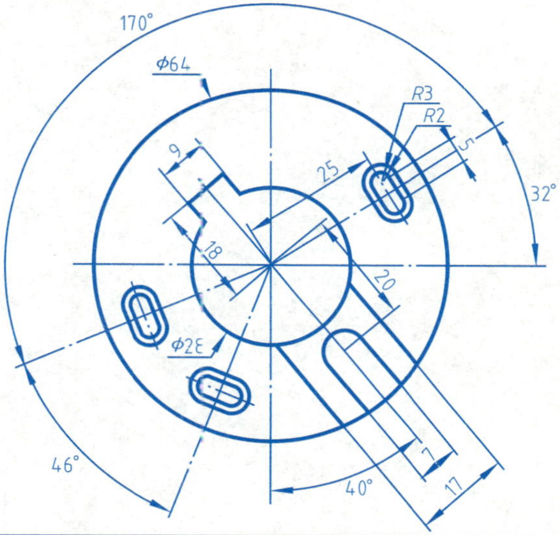
170°
ϕ64
R3
R2
5
9
25
32°
18
20
ϕ2E
7
17
46°
40°

5.

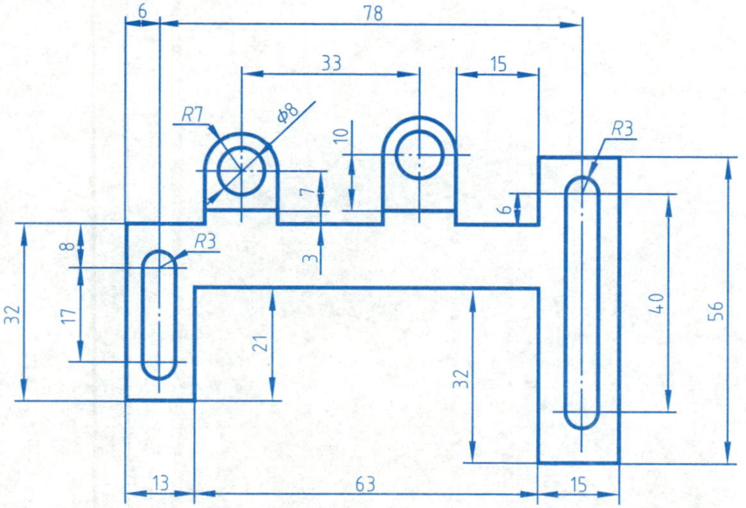
6
78
33
15
R7
ϕ8
10
R3
7
6
8
3
R3
32
17
21
32
40
56
13
63
15

6.

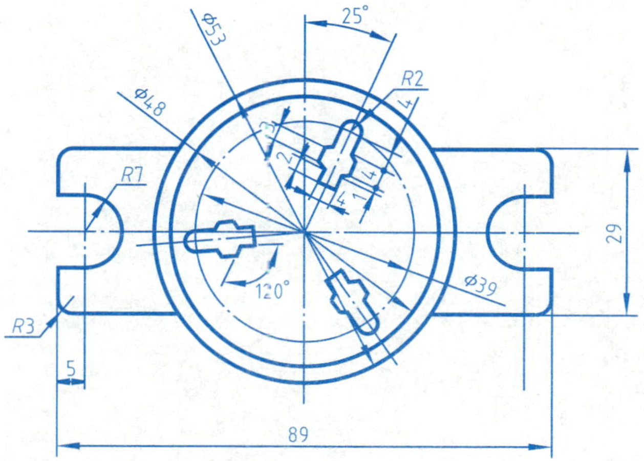
25°
ϕ53
ϕ48
R2
4
R7
29
120°
ϕ39
R3
5
89

7.

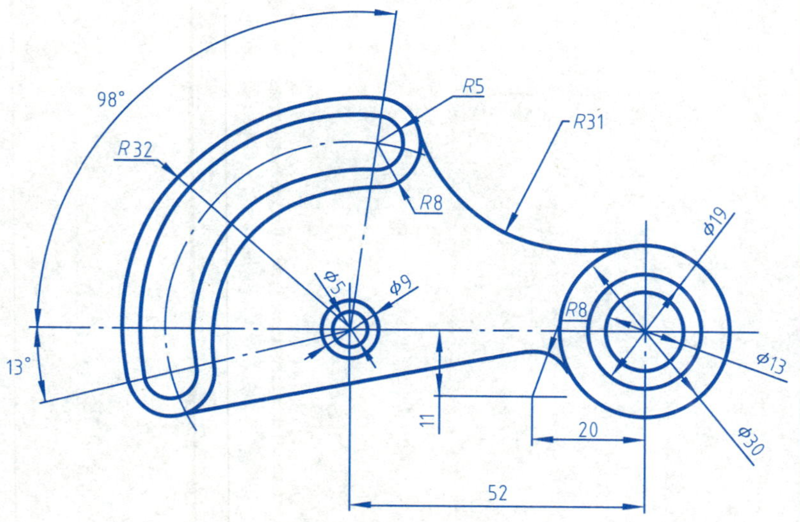
98°
R5
R31
R32
R8
ϕ19
ϕ5
ϕ9
R8
13°
ϕ13
11
20
ϕ30
52

8.

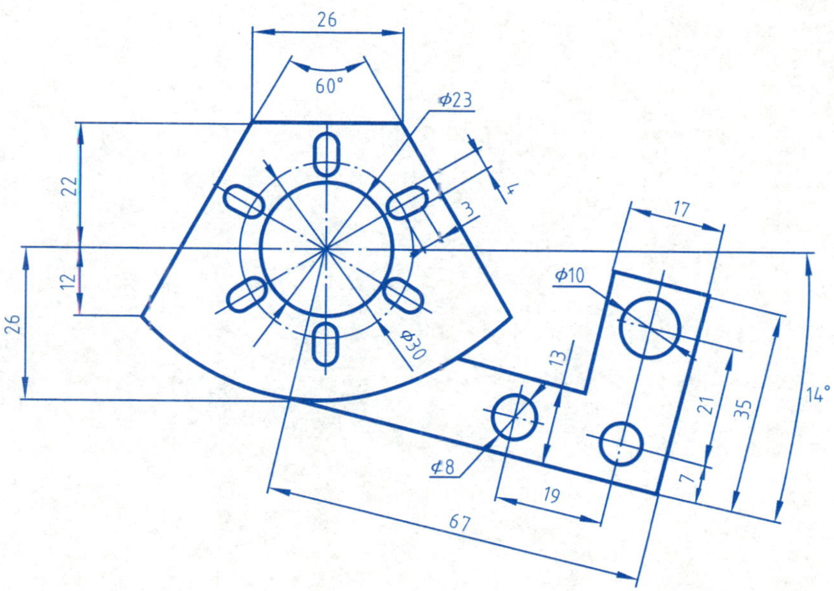
26
60°
ϕ23
22
4
3
17
12
ϕ10
26
ϕ30
13
14°
21
35
ϕ8
7
19
67

2-3 利用 AutoCAD 按尺寸绘制图形并标注尺寸（一）

1.

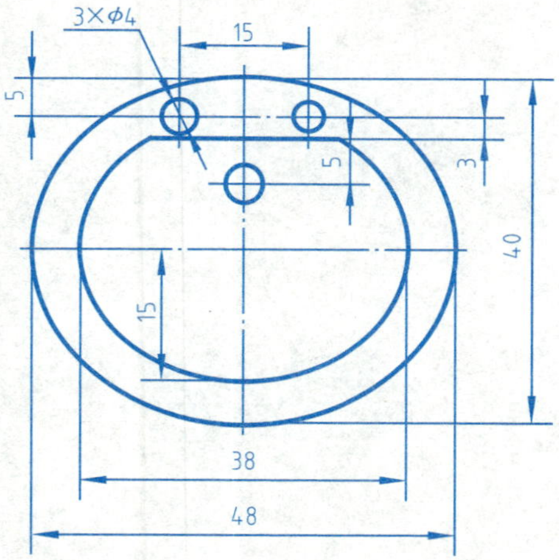

2.

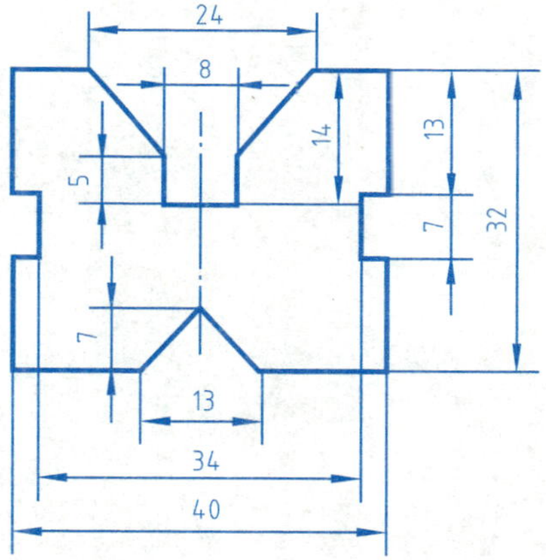

3.

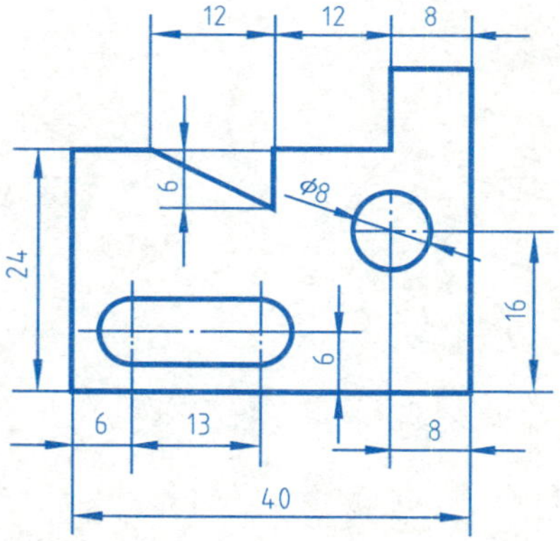

4.

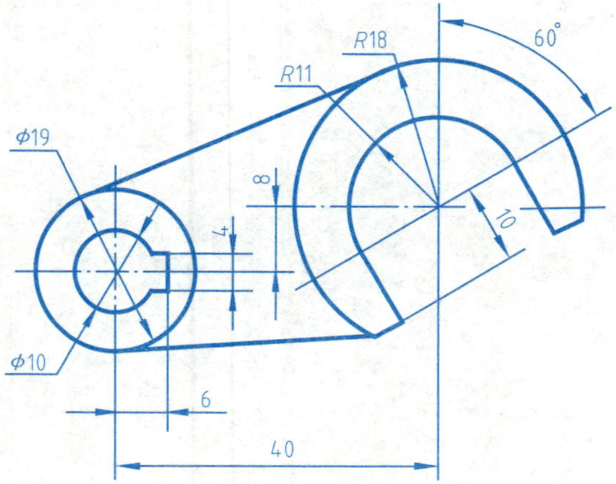

5.

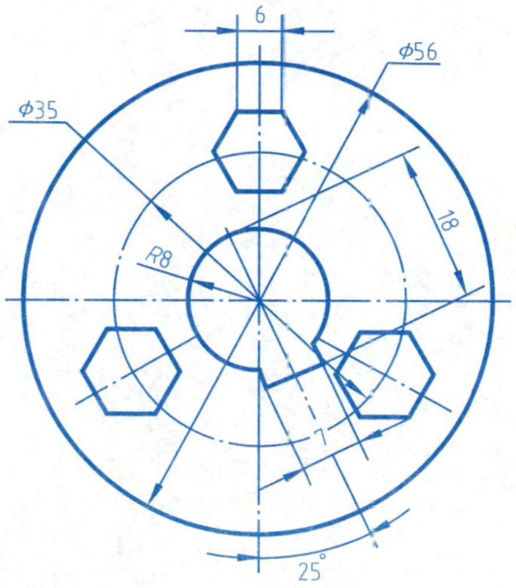

6.

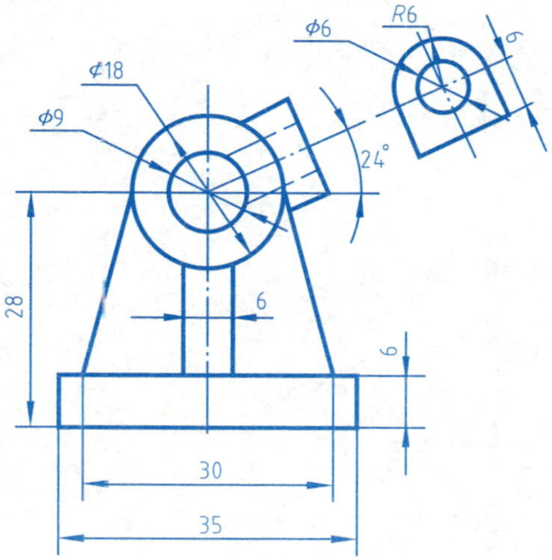

7.

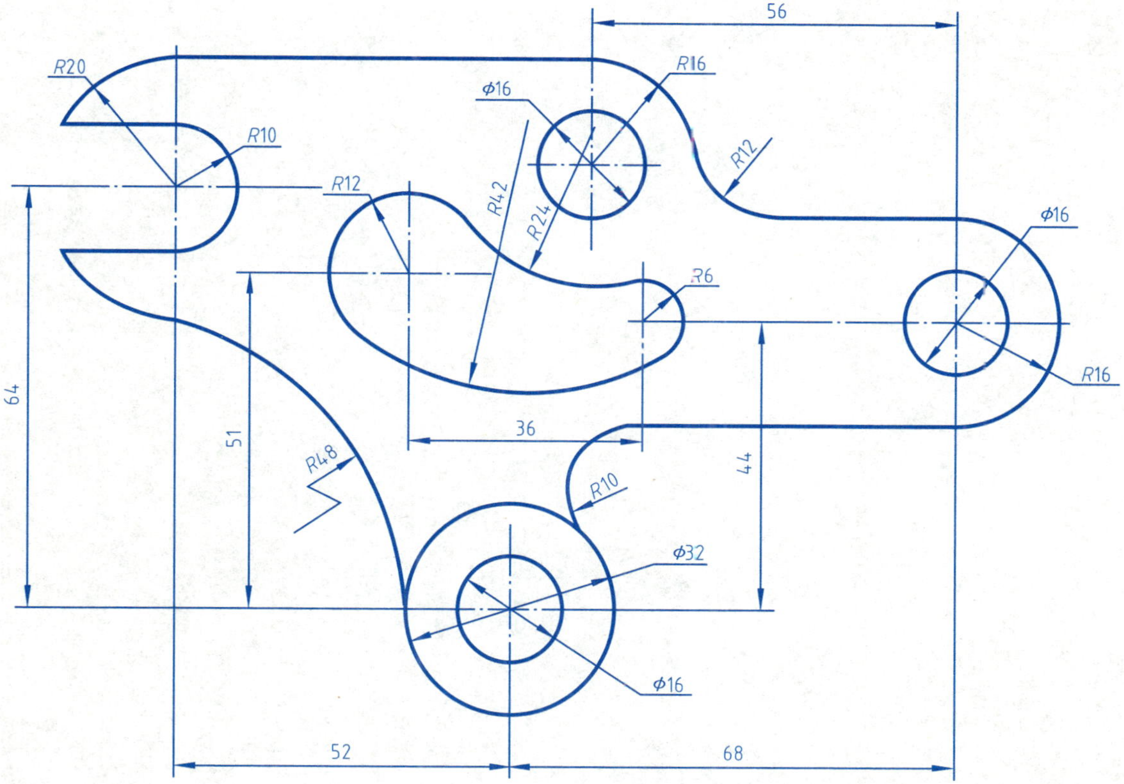
56
R20
R16
Φ16
R10
R12
R12
R42
R24
Φ16
R6
R16
64
51
36
R48
R10
44
Φ32
Φ16
52
68

班级　　姓名　　学号　　审核

第三单元　运用三视图表达几何图形

3-1　补画视图中所缺线条（一）

1.

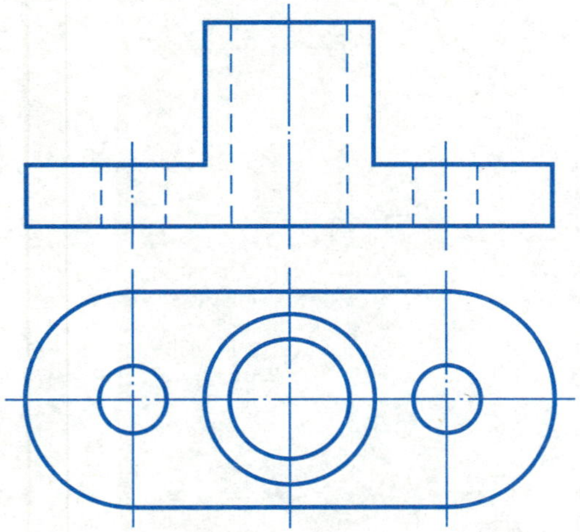

2.

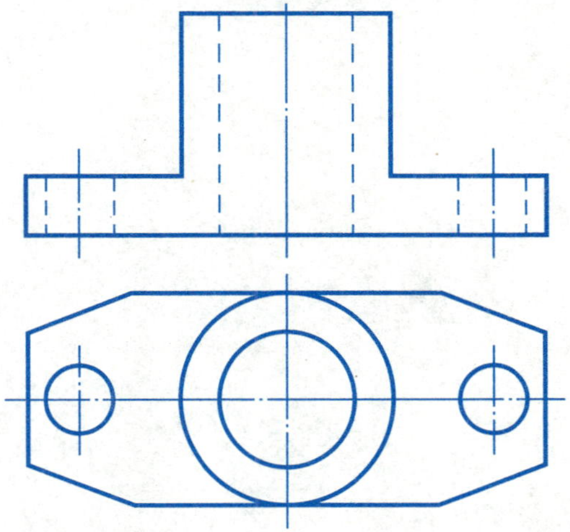

3.

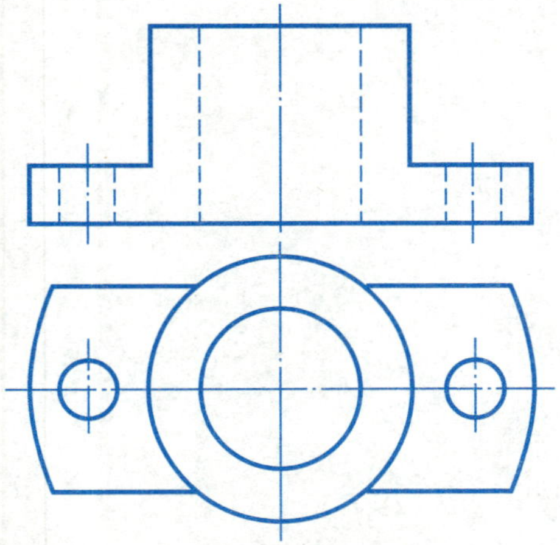

4.

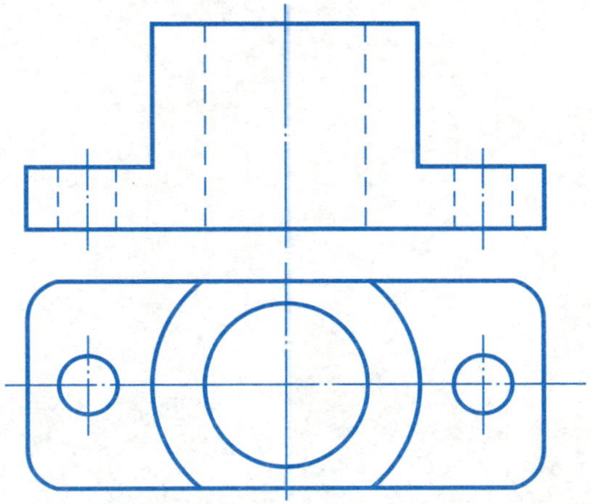

3-1 补画视图中所缺线条（二）

5.

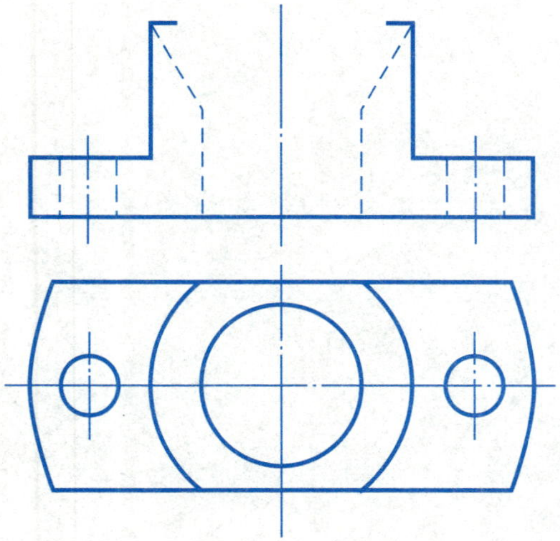

6.

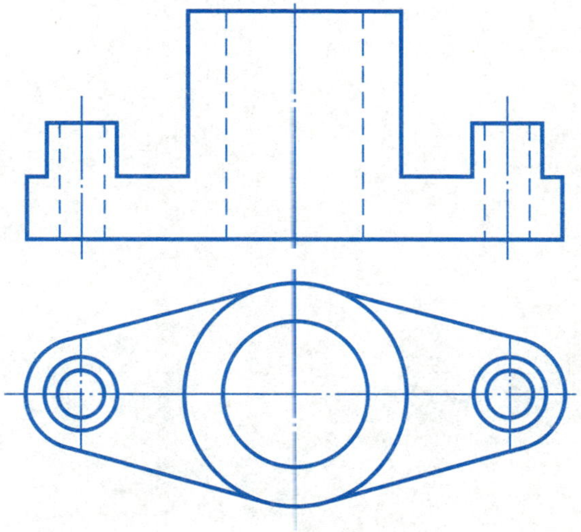

7.

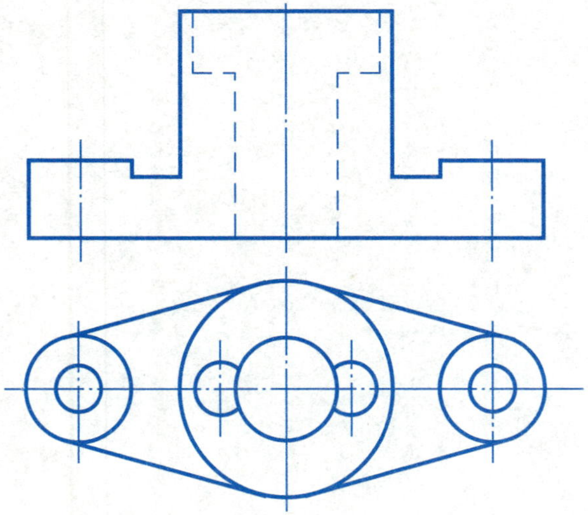

8.

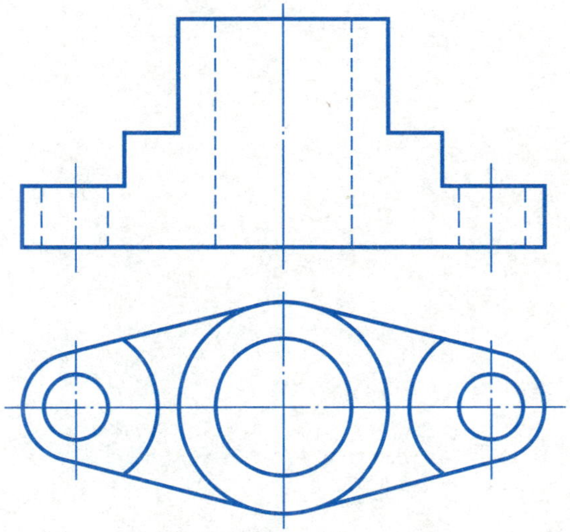

班级　　姓名　　学号　　审核

3-1 补画视图中所缺线条（三）

9.

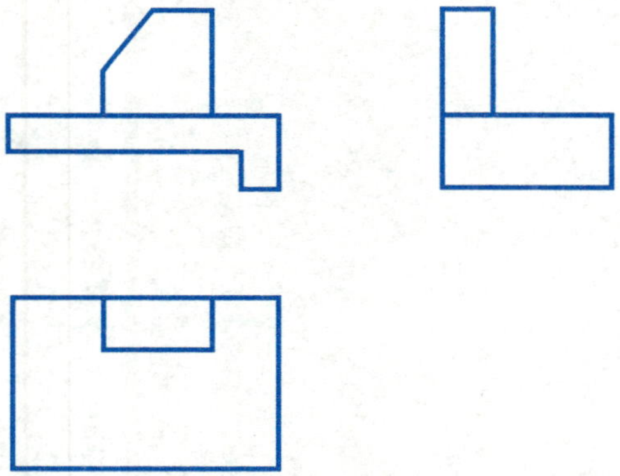

10.

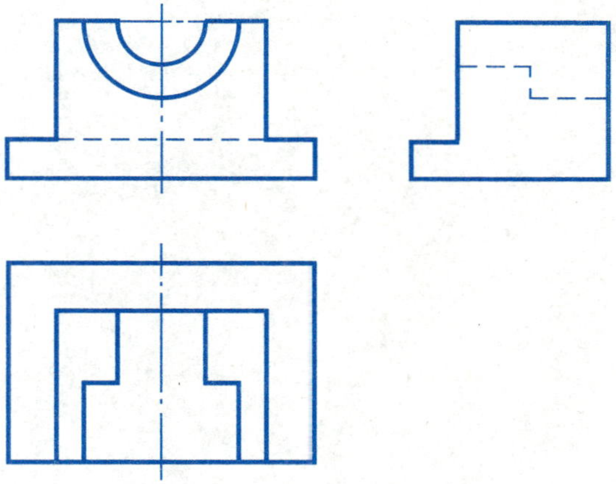

11.

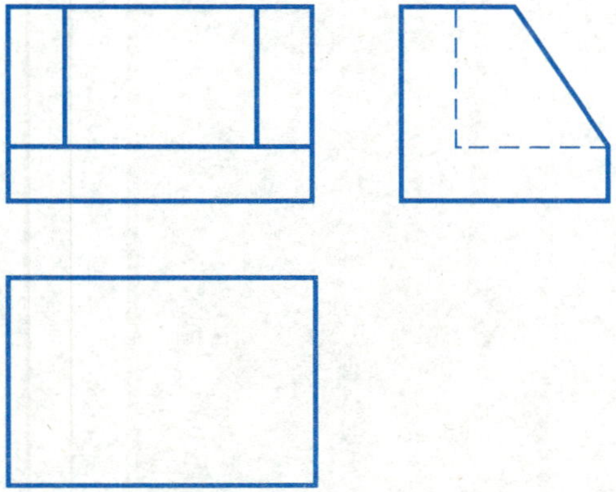

12.

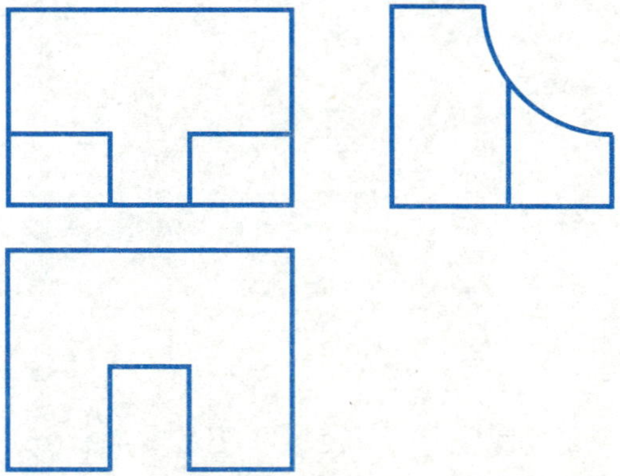

班级　　　　姓名　　　　学号　　　　审核

13.

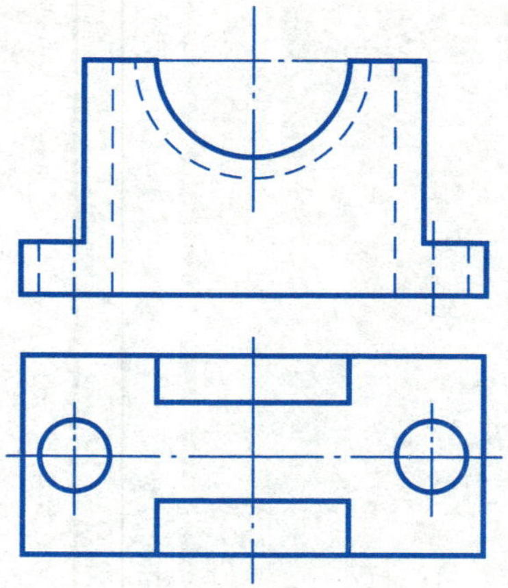

14.

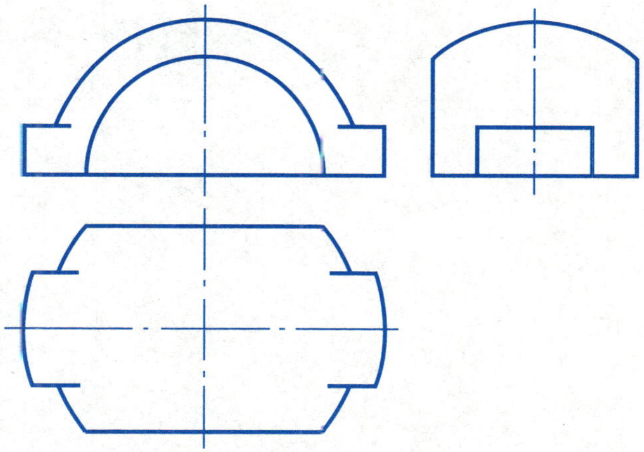

15.

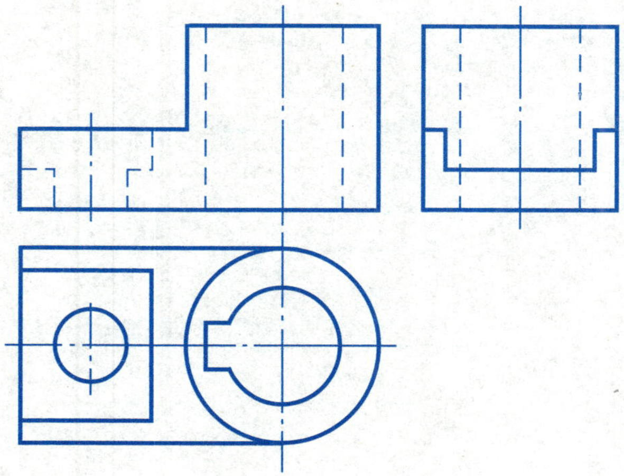

16.

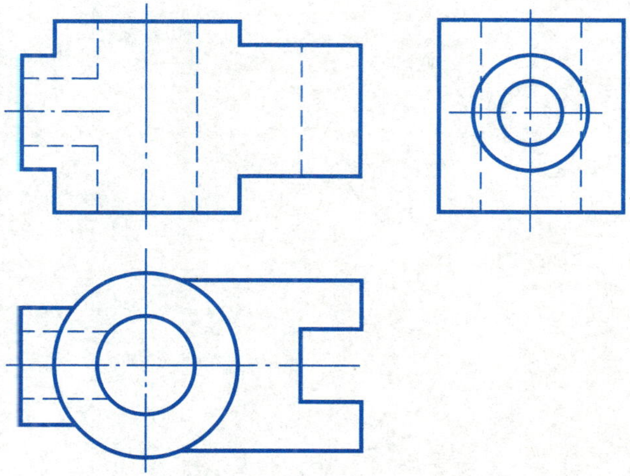

3-1 补画视图中所缺线条（五）

17.

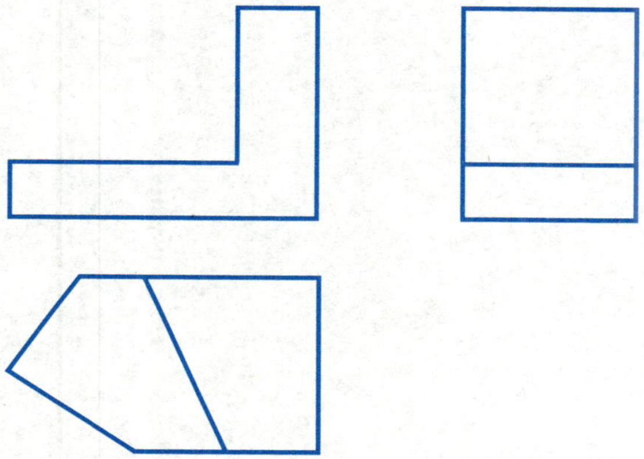

18.

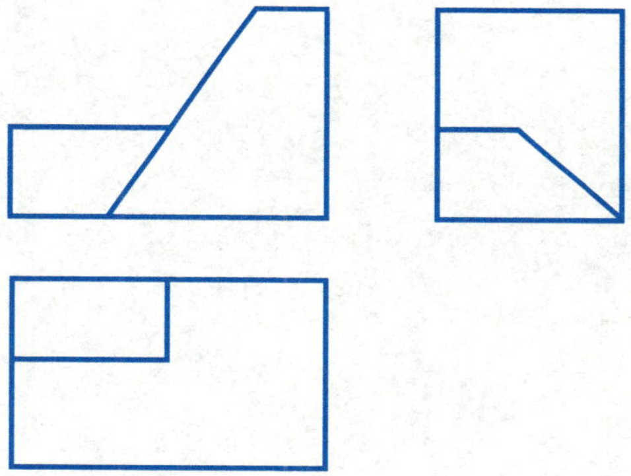

19.

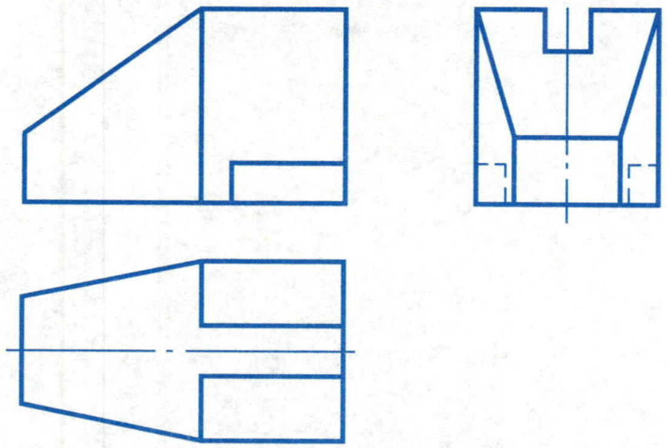

20.

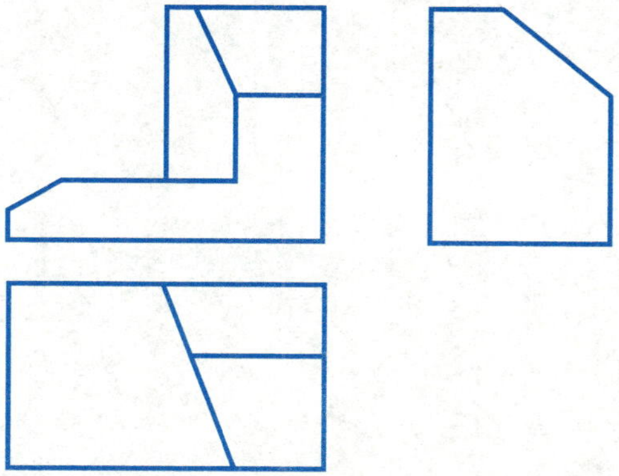

班级　　　　姓名　　　　学号　　　　审核

3-1 补画视图中所缺线条（六）

21.

22.

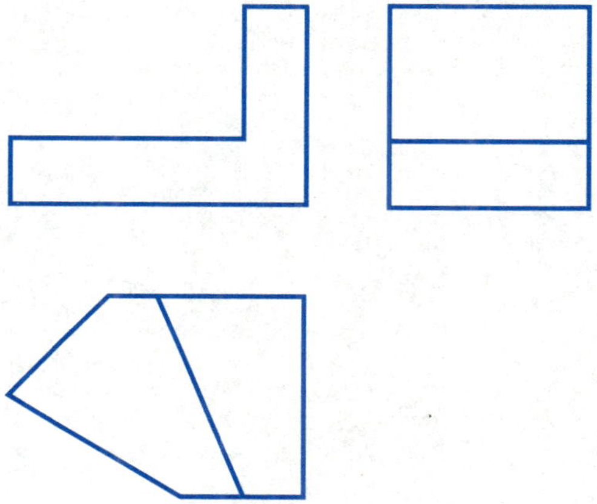

23.

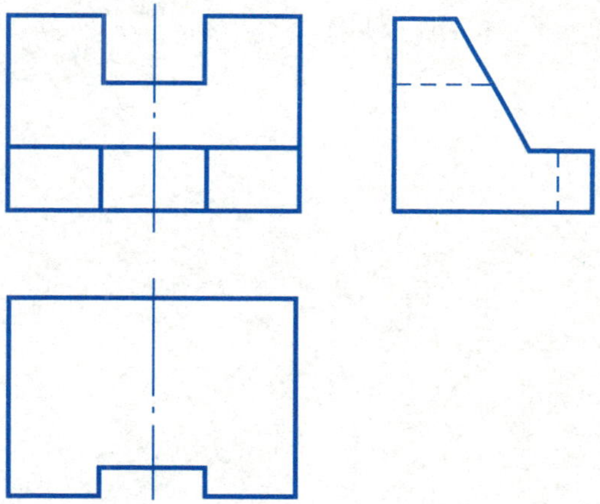

24.

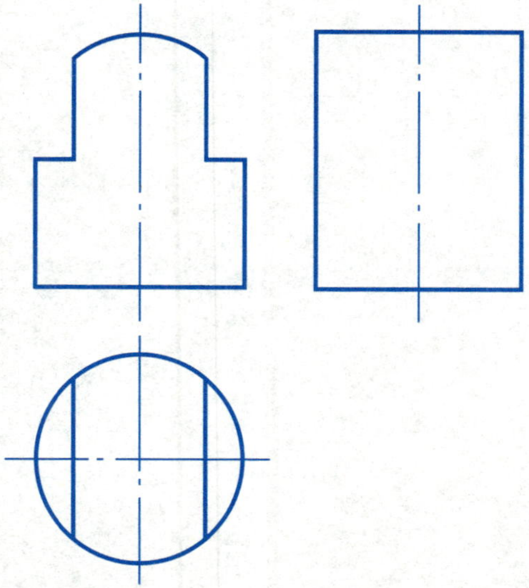

25.

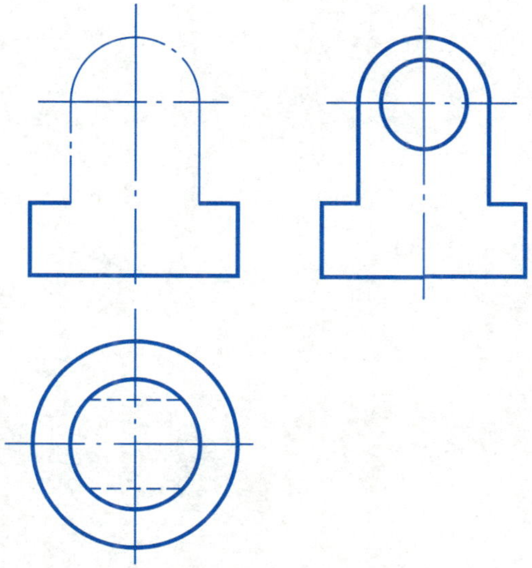

26.

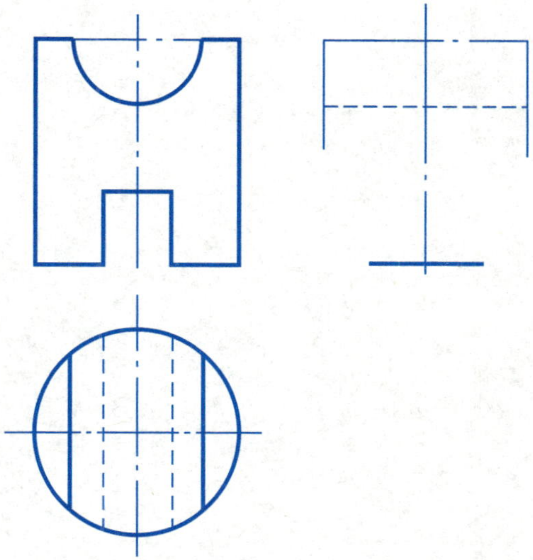

班级　　　姓名　　　学号　　　审核

27.

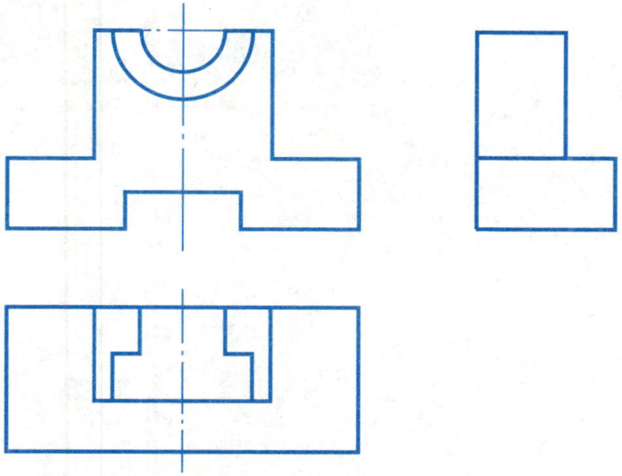

28.

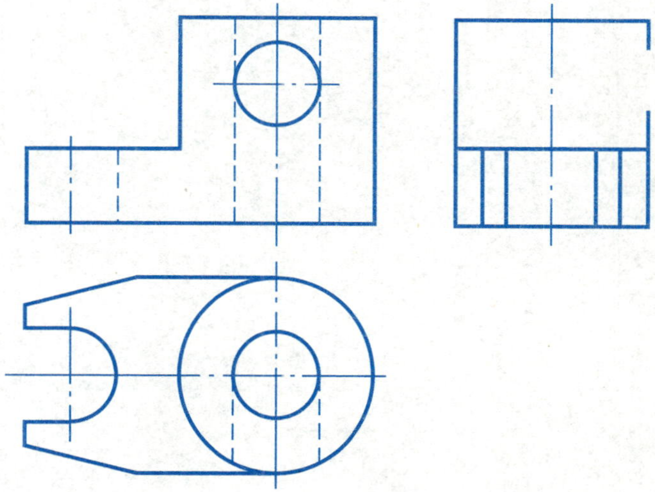

29.

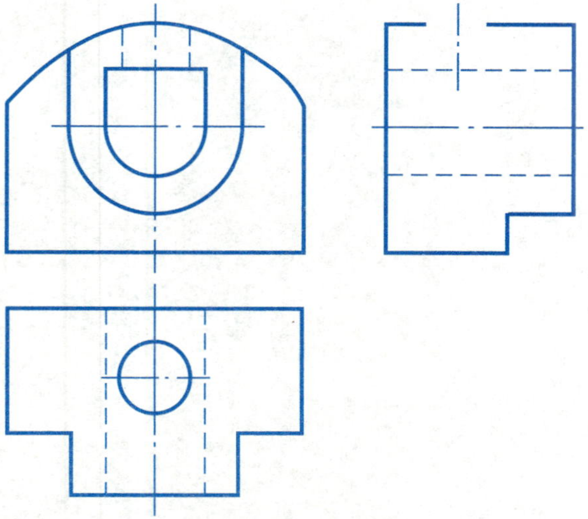

30.

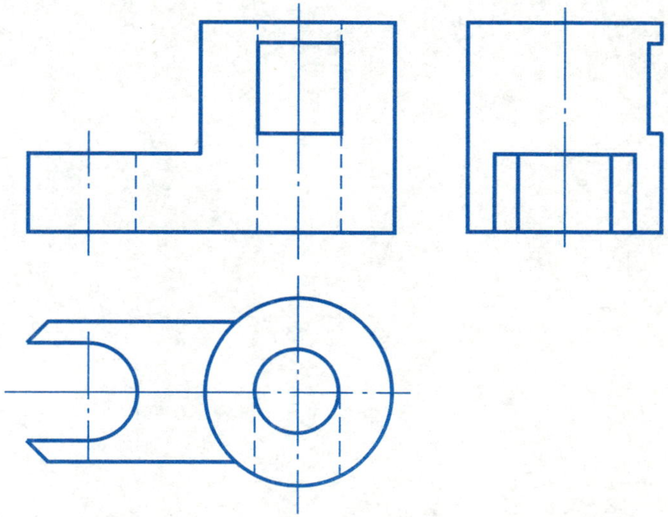

3-2 根据轴测图，补画视图中所缺线条（一）

1.

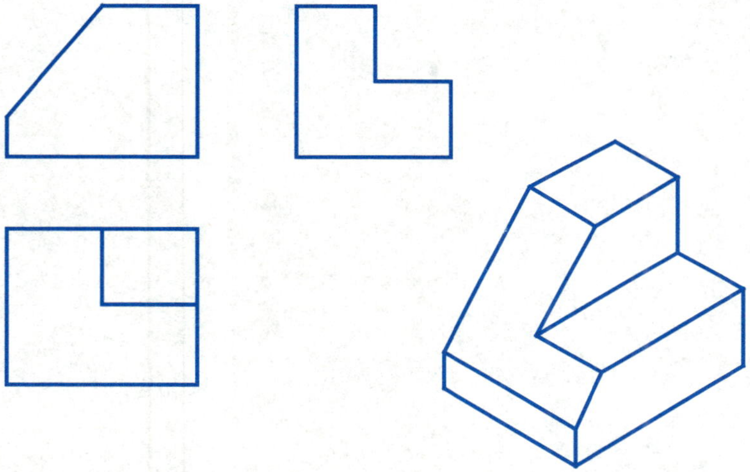

2.

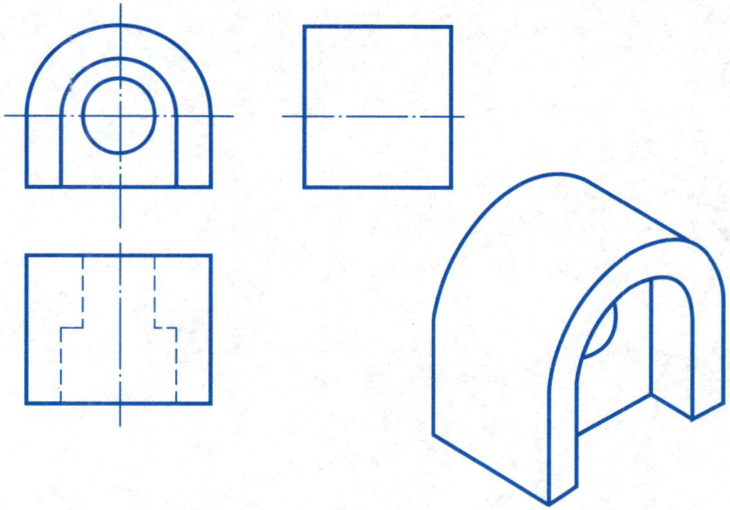

3.

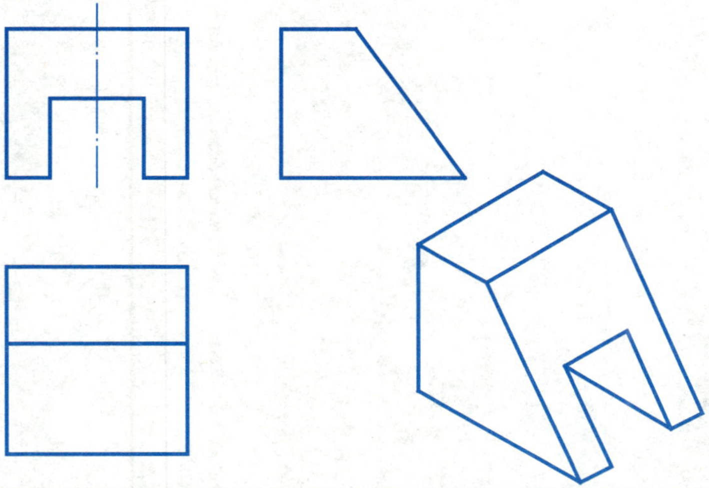

4.

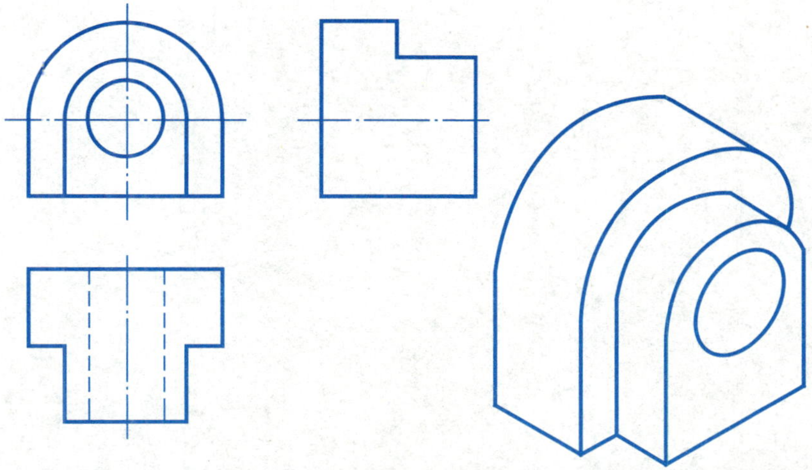

班级　　姓名　　学号　　审核

3-2 根据轴测图，补画视图中所缺线条（二）

5.

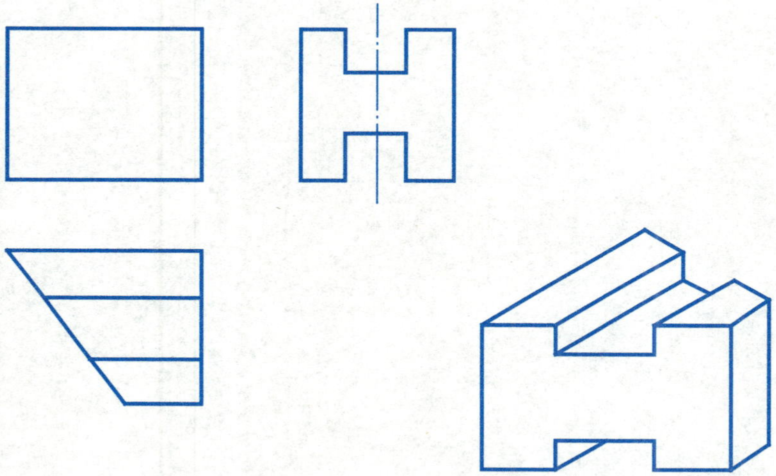

6.

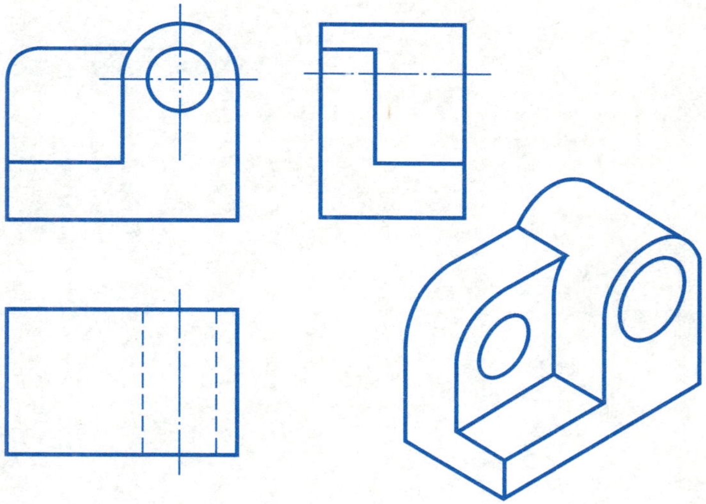

7.

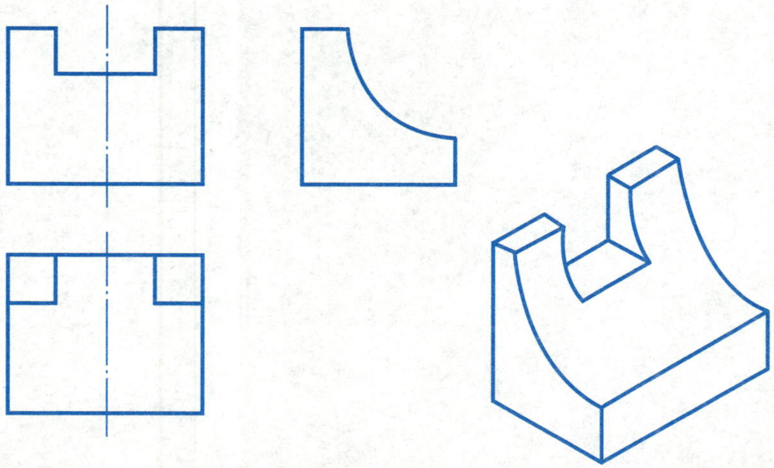

8.

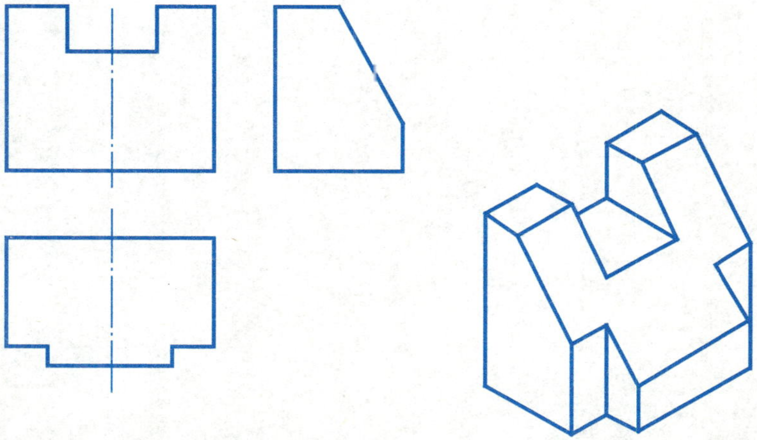

班级　　姓名　　学号　　审核

3-3 由组合体（以叠加为主）的两个视图，补画第三视图（一）

1\.

（1）

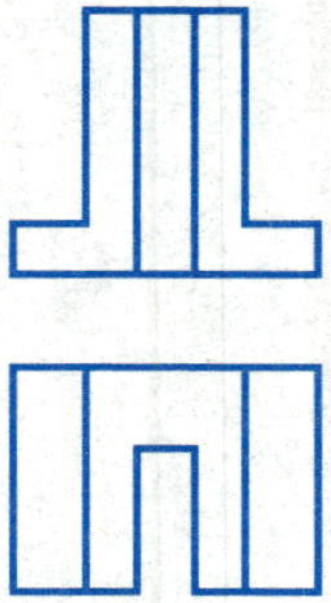

（2）

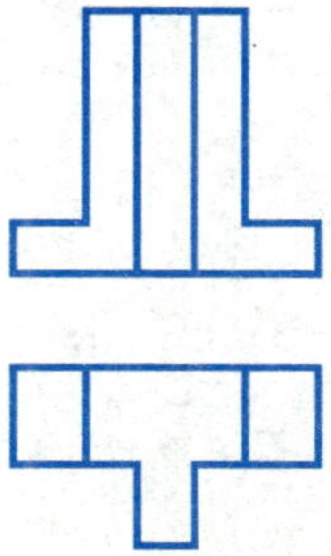

（3）

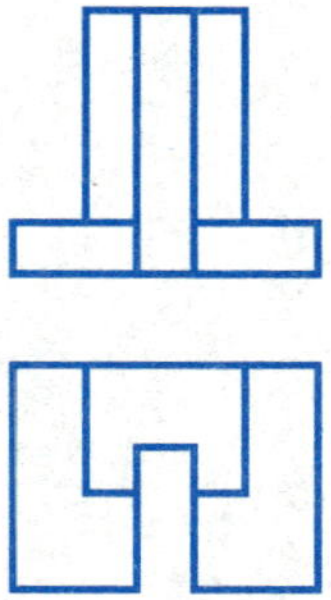

2\.

（1）

（2）

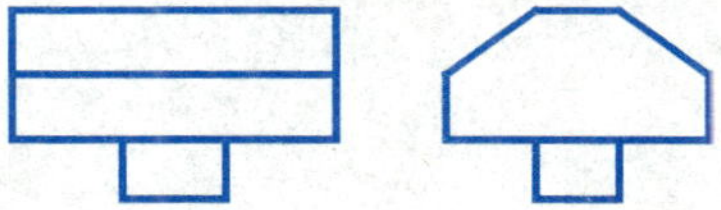

（3）

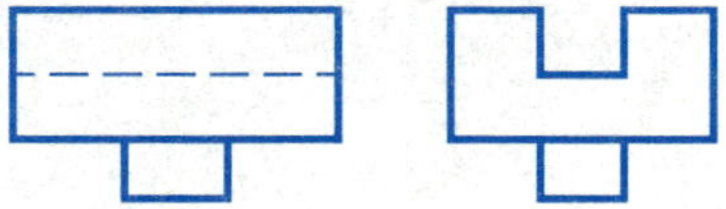

3\.

（1）

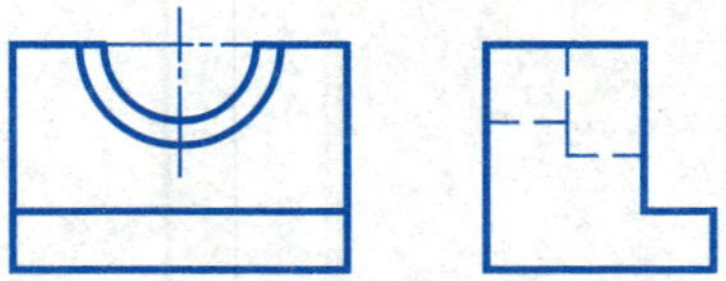

（2）

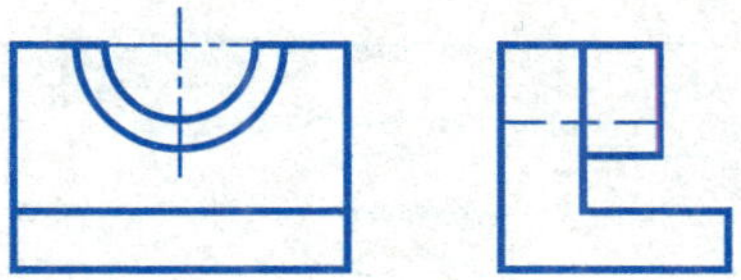

（3）

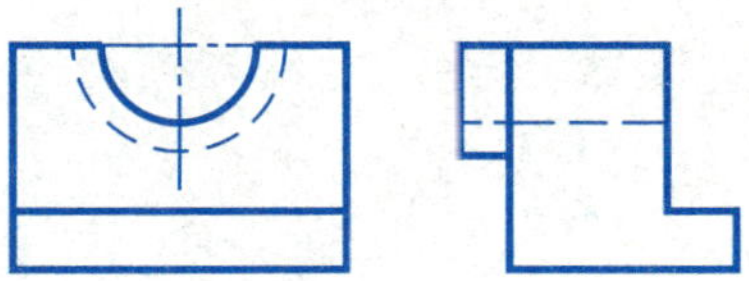

3-3 由组合体（以叠加为主）的两个视图，补画第三视图（二）

4.

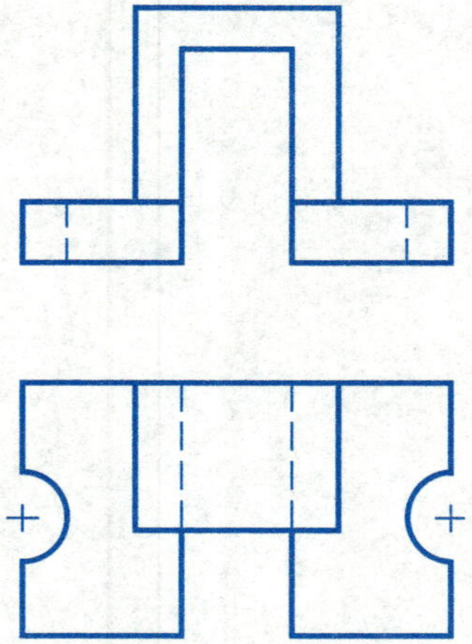

5.

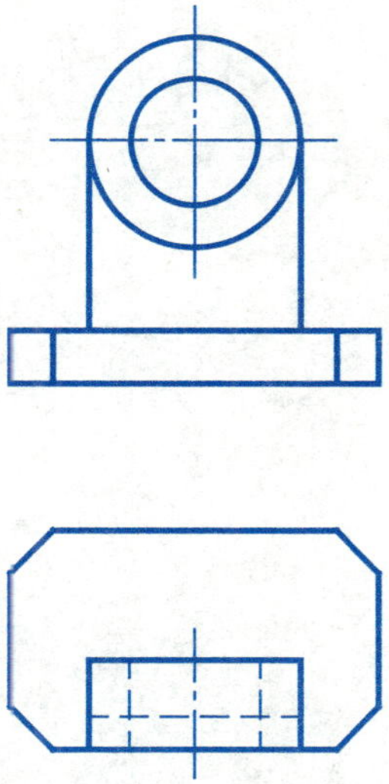

6.

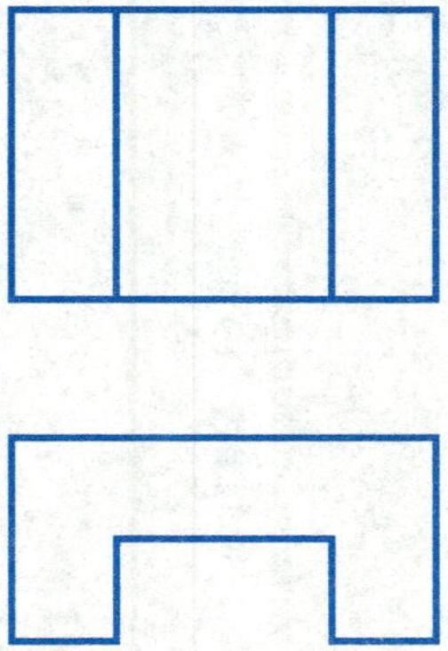

7.

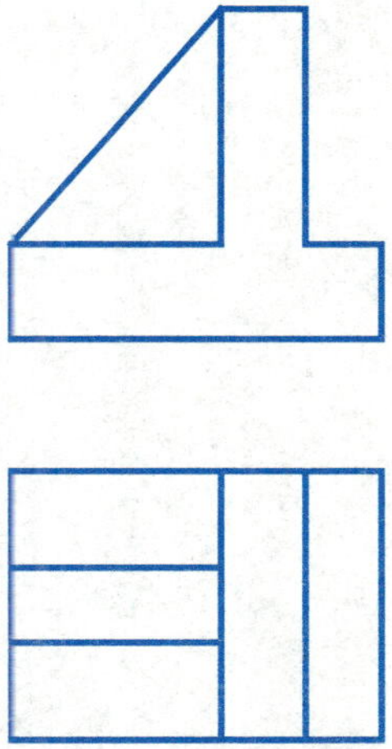

班级　　　　姓名　　　　学号　　　　审核

3-3　由组合体（以叠加为主）的两个视图，补画第三视图（三）

8.

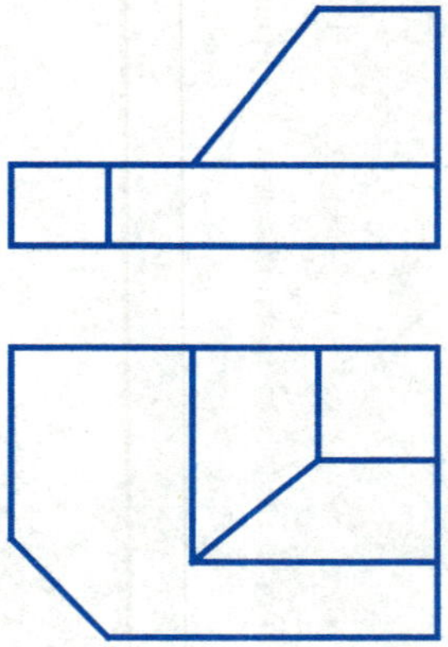

9.

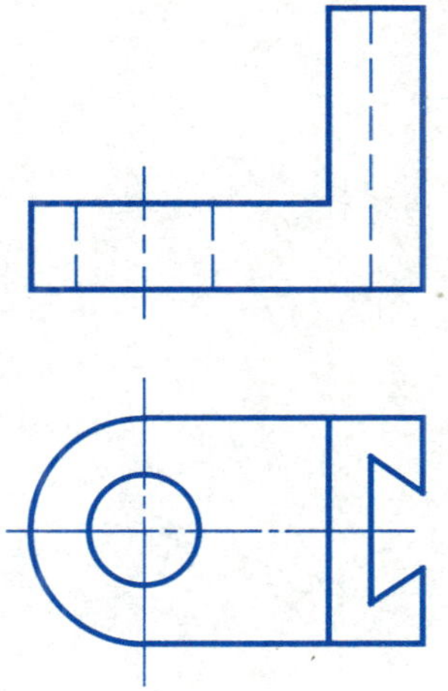

10.

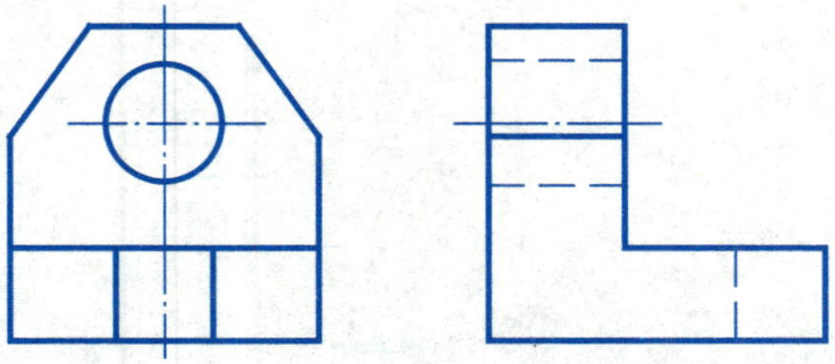

11.

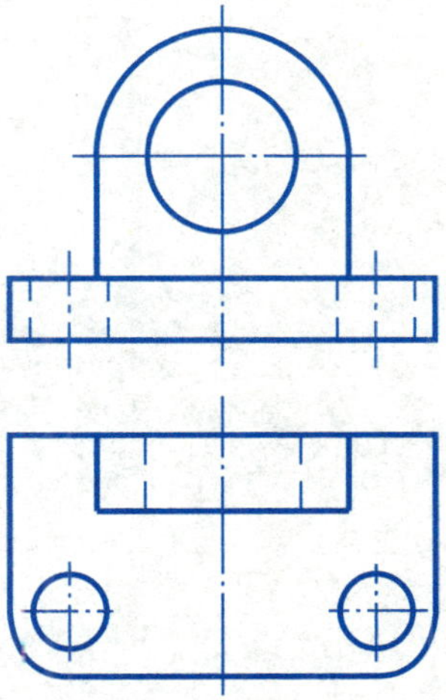

3-4 由组合体的两个视图，补画第三视图（一）

1.

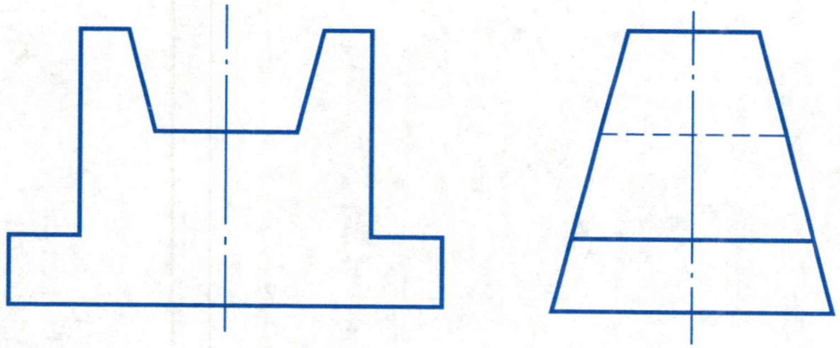

2.

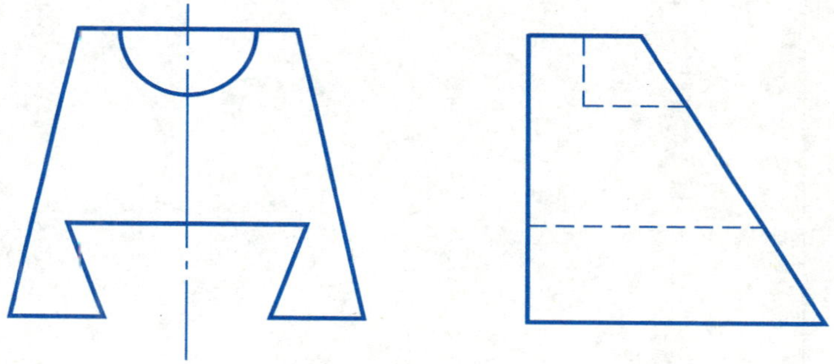

3-4 由组合体的两个视图，补画第三视图（二）

3.

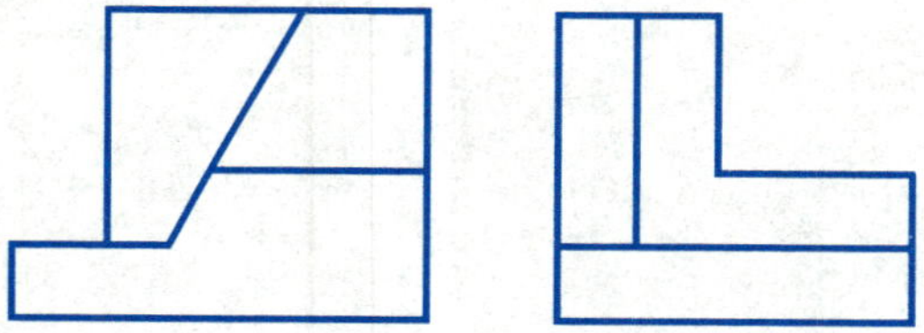

4.

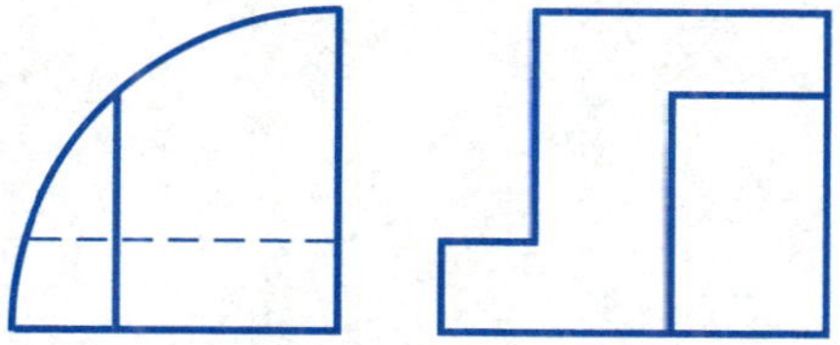

5.

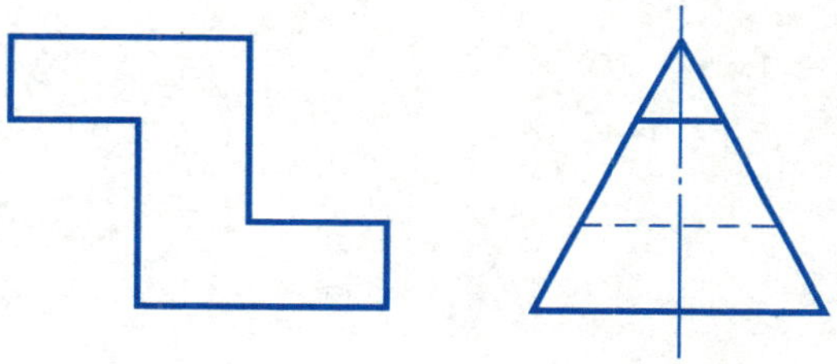

6.

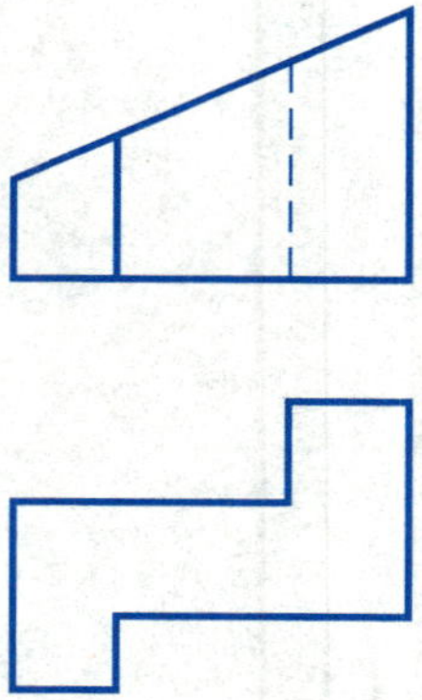

7.

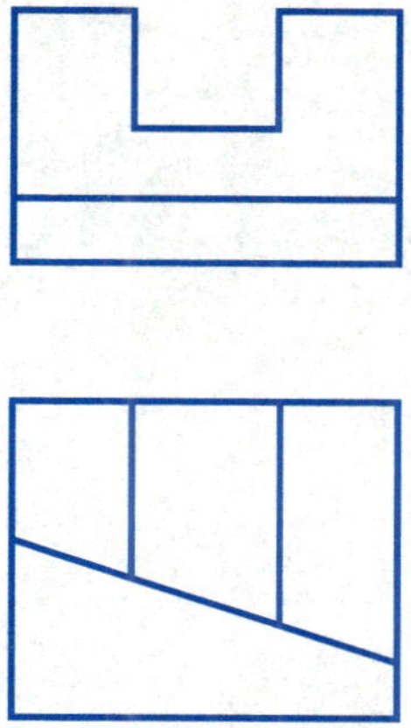

8.

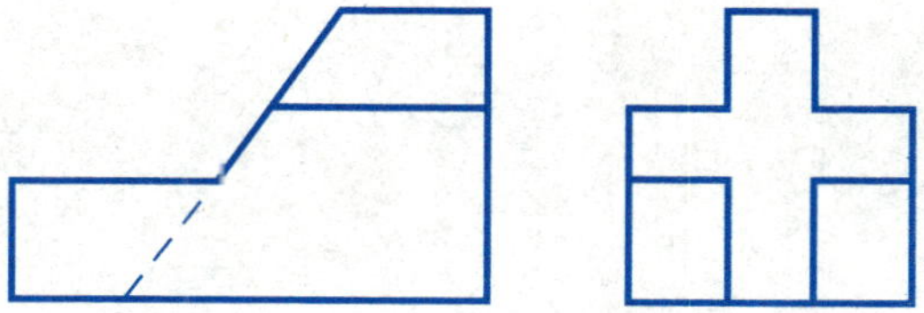

3-4 由组合体的两个视图，补画第三视图（三）

9.

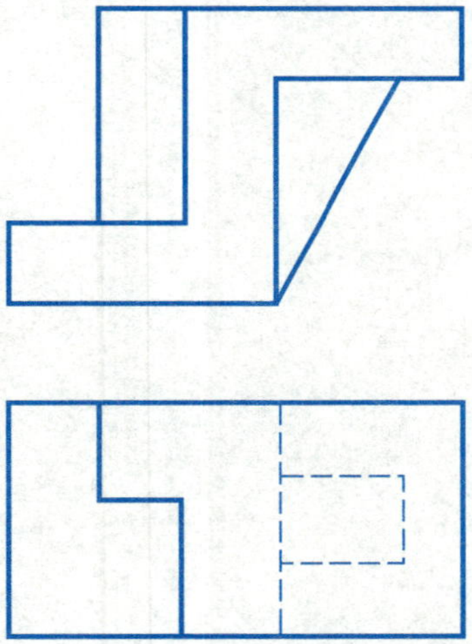

10.

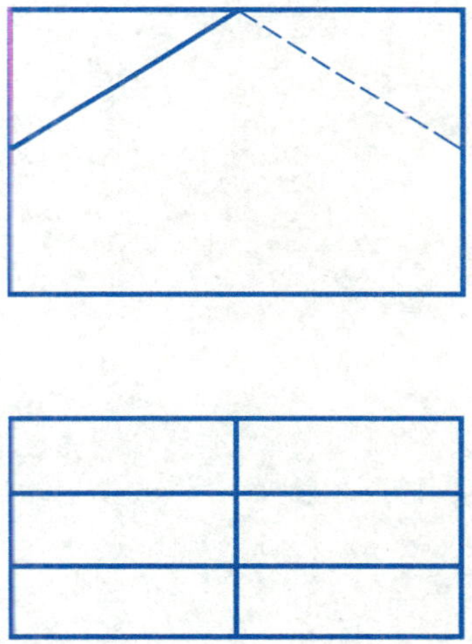

11.

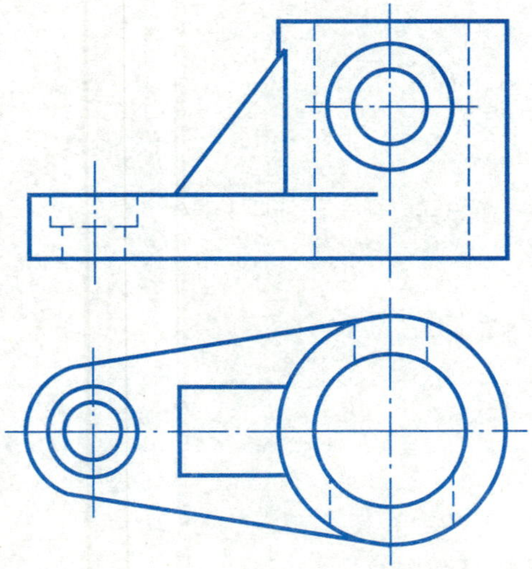

12.

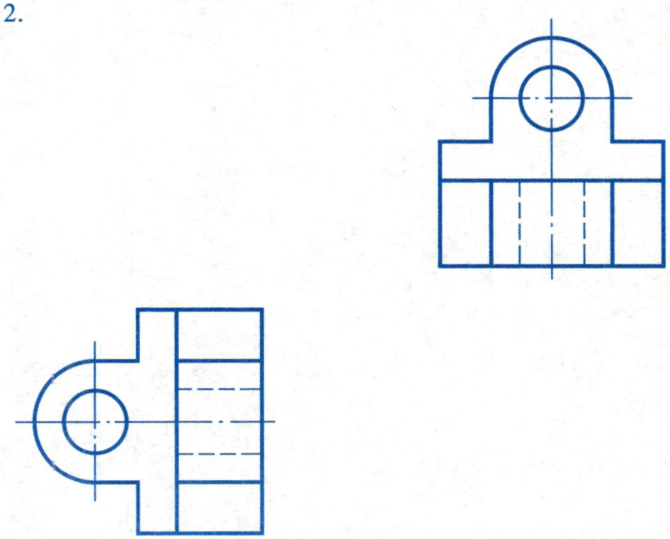

3-4 由组合体的两个视图，补画第三视图（四）

13.

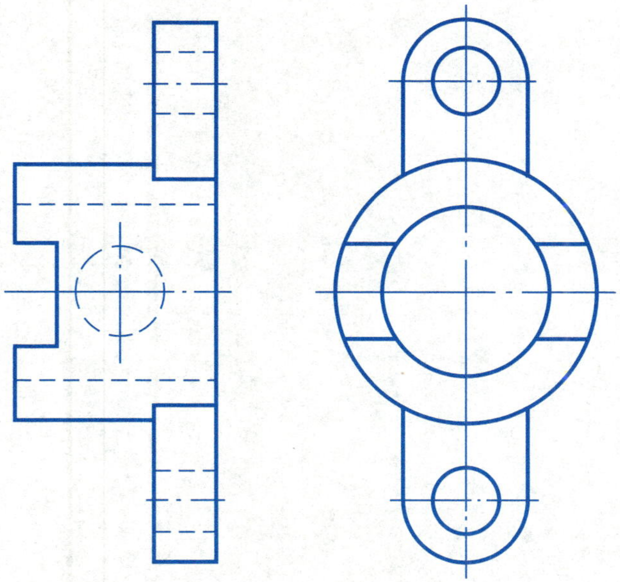

14.

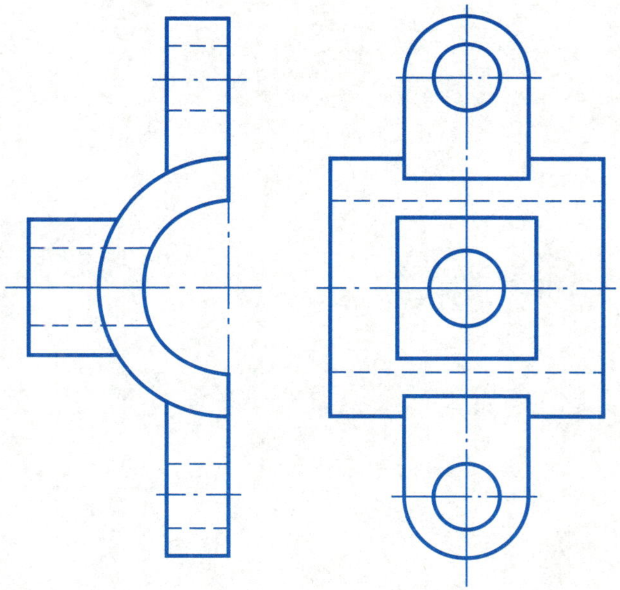

3-4 由组合体的两个视图，补画第三视图（五）

15.

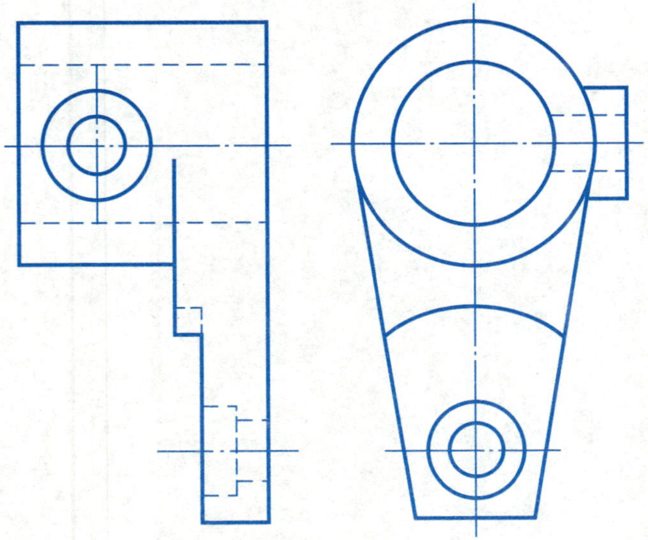

16.

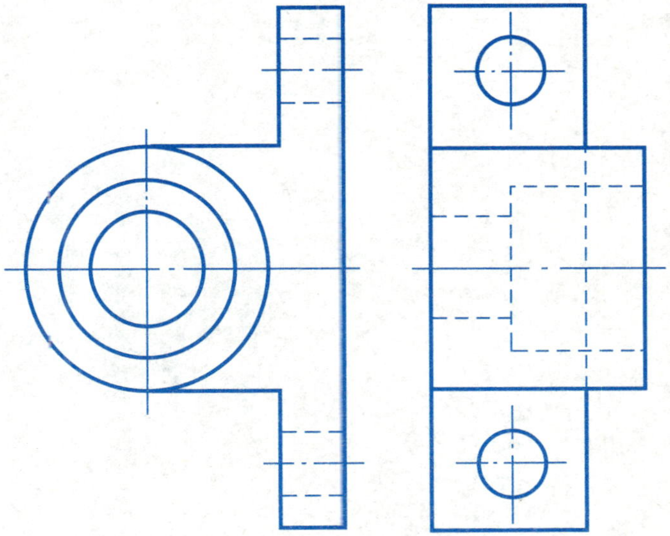

3-4 由组合体的两个视图，补画第三视图（六）

17.

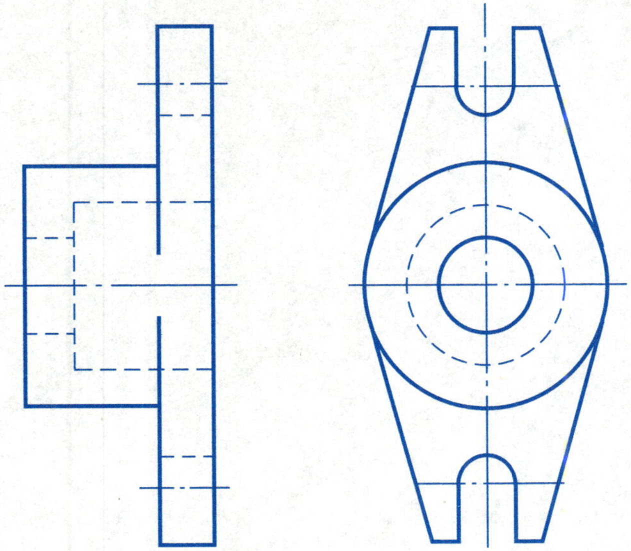

18.

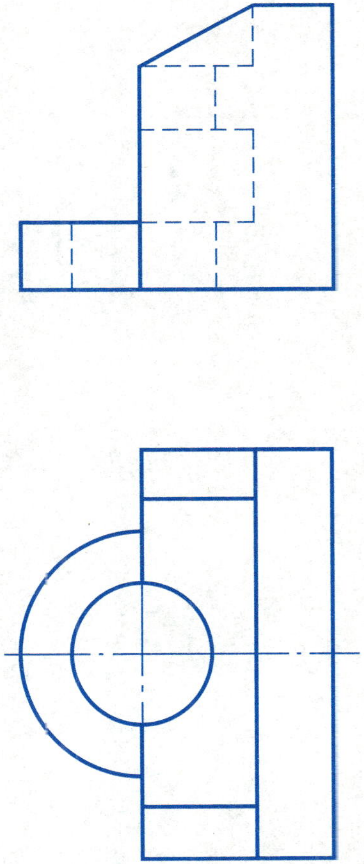

班级 姓名 学号 审核

3-4 由组合体的两个视图，补画第三视图（七）

19.

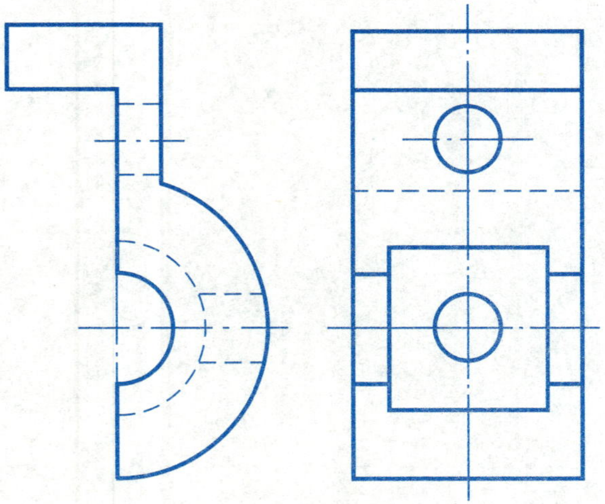

20.

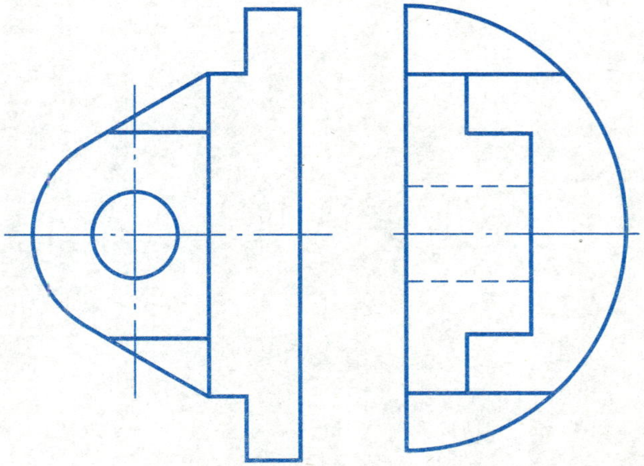

21.

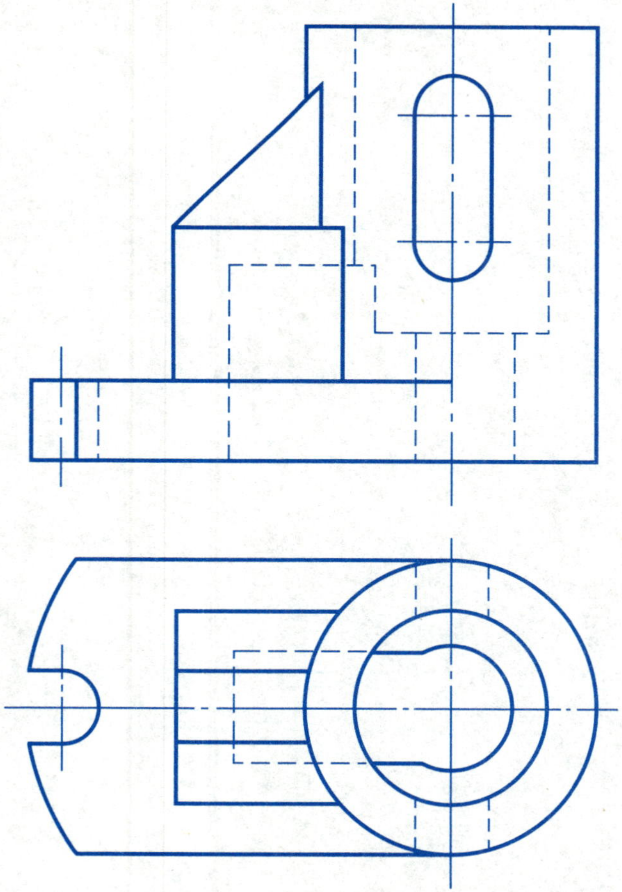

22.

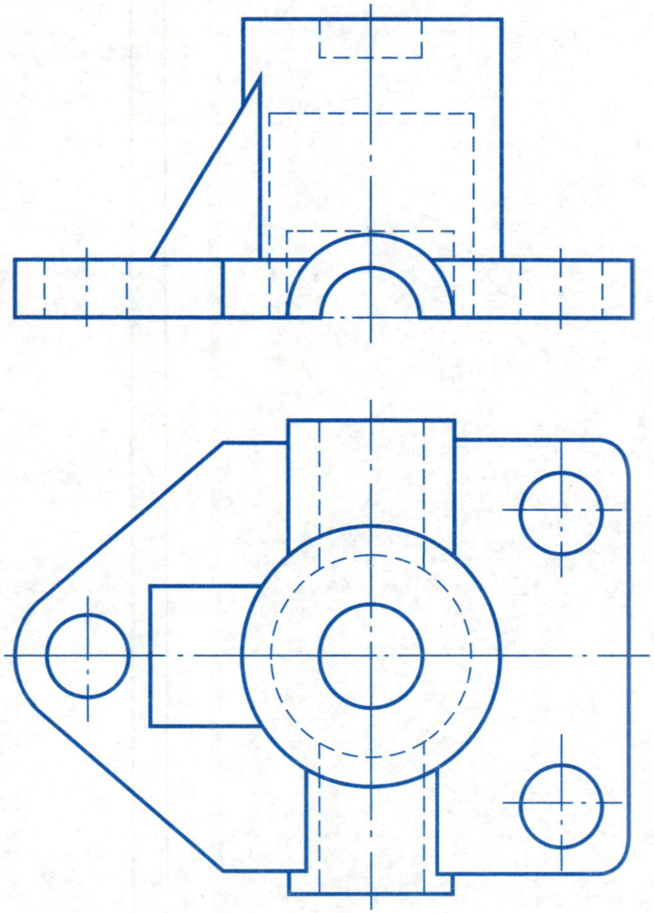

3-5　标注尺寸（尺寸数值从图中按 1 : 1 的比例量取，并取整数）（一）

1.

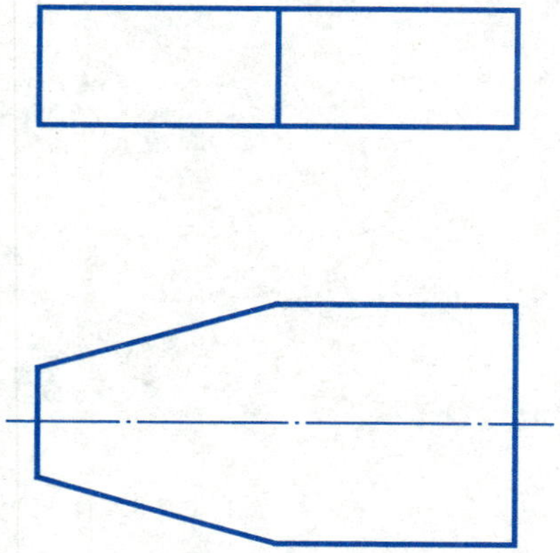

2.

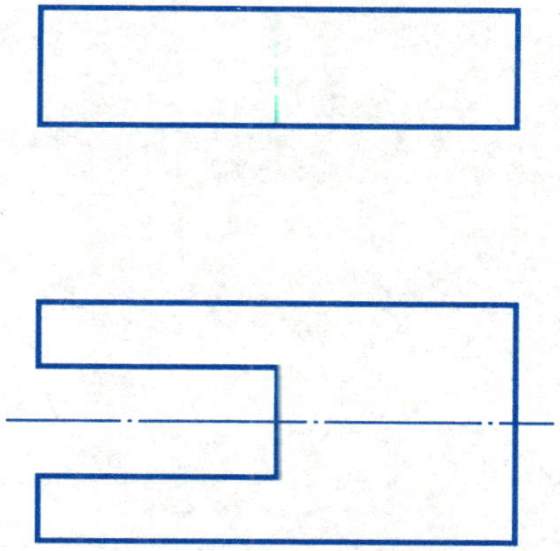

3.

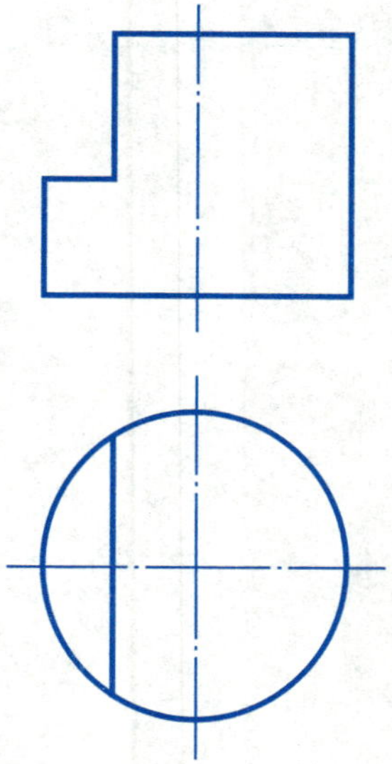

4.

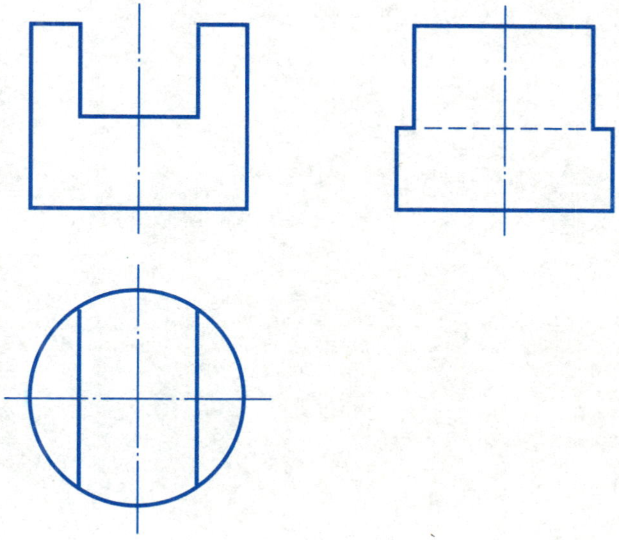

3-5 标注尺寸（尺寸数值从图中按 1 : 1 的比例量取，并取整数）（二）

5.

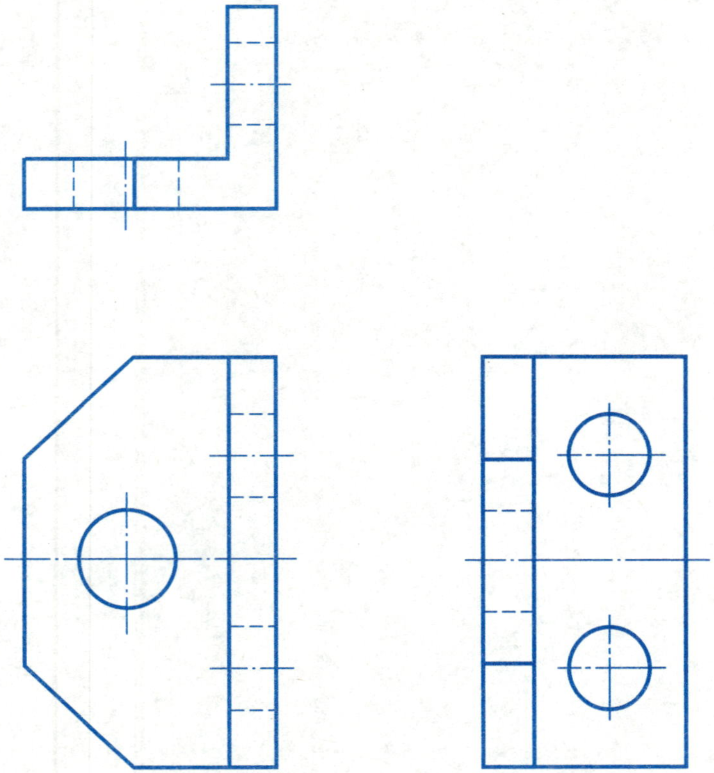

6.

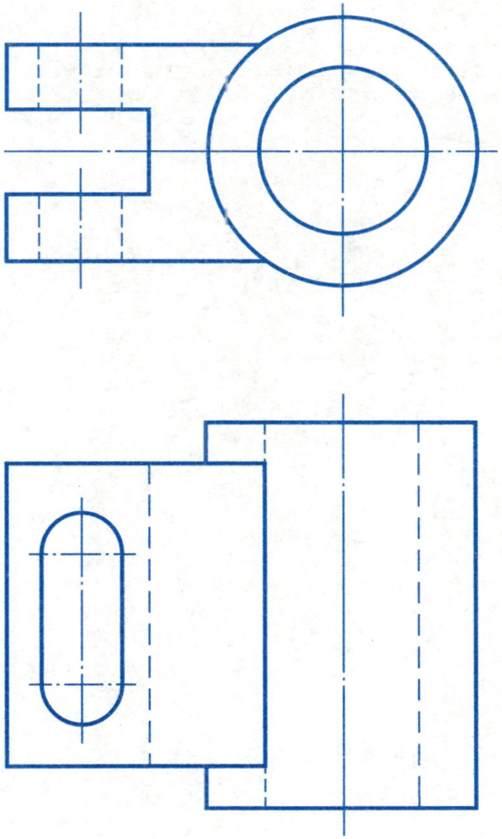

3-5 标注尺寸（尺寸数值从图中按 1：1 的比例量取，并取整数）（三）

7.

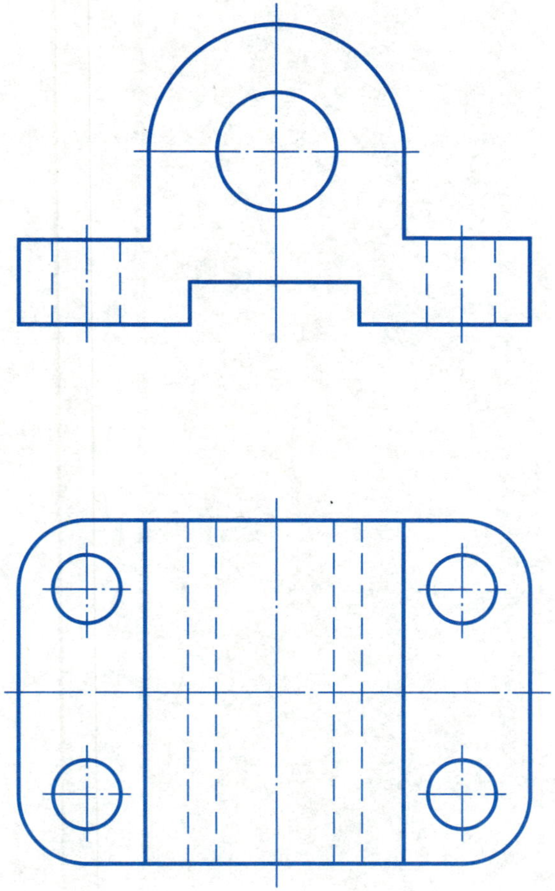

8.

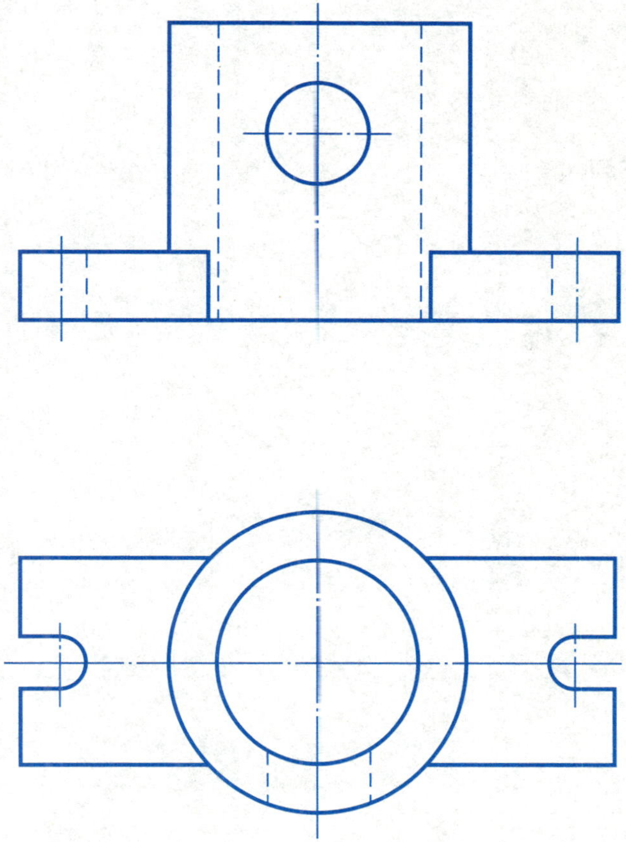

3-6　找出图中尺寸标注的错误，并在右图上正确标注

1.

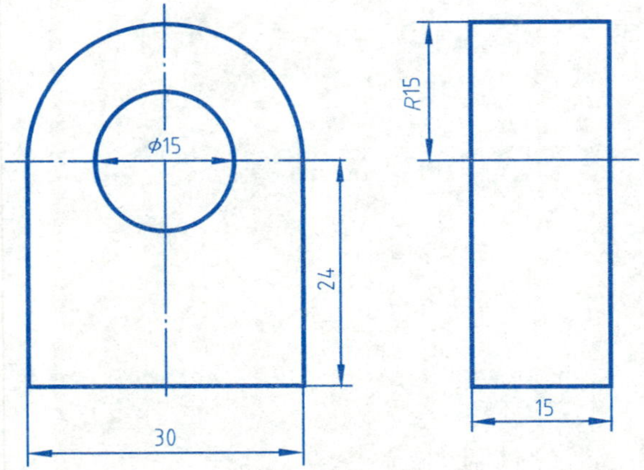

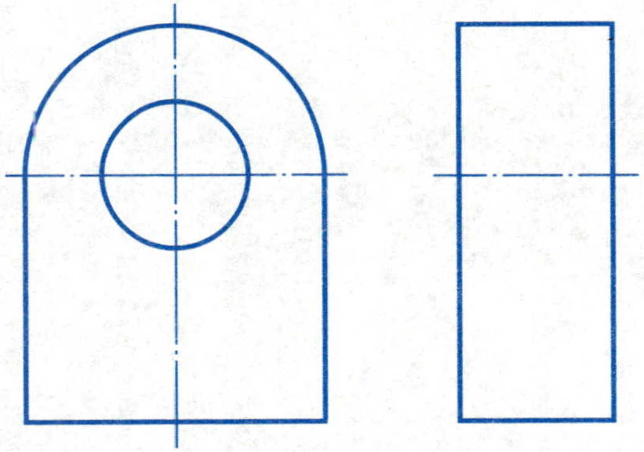

2.

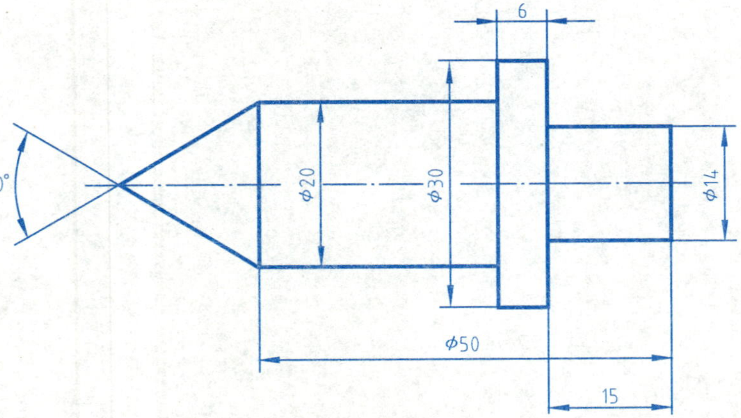

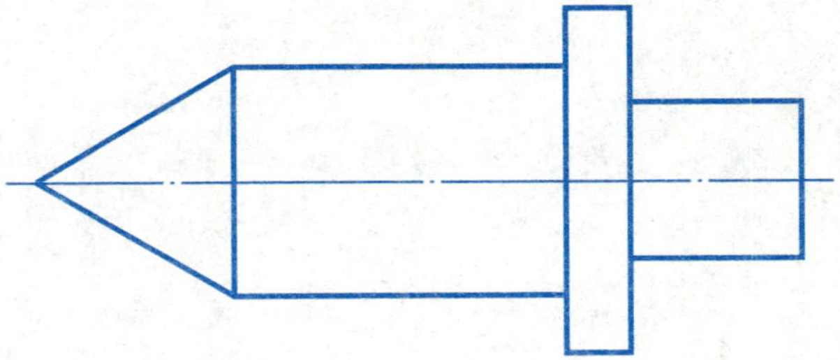

3-7　求作左视图并标注尺寸（尺寸数值按 1：1 的比例由图中量取，并取整数）

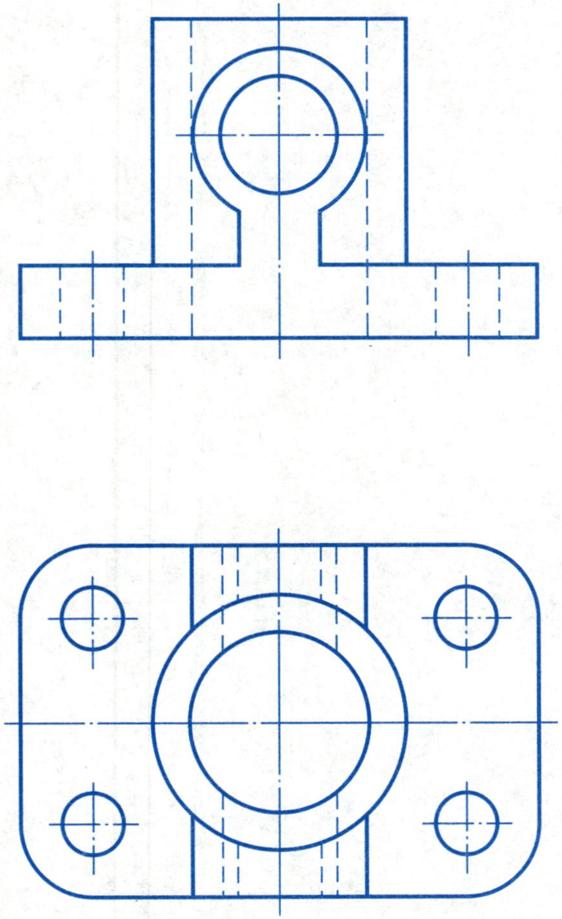

3-8 根据已知的主视图，构思不同的组合体，绘制另外的两个视图（一）

1.

（1）

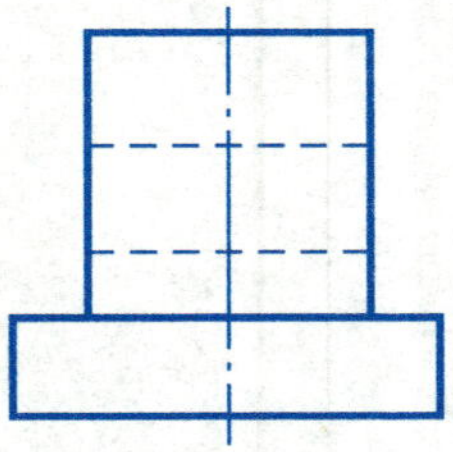

（2）

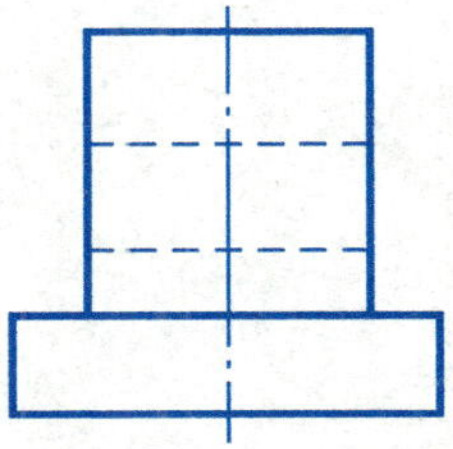

（3）

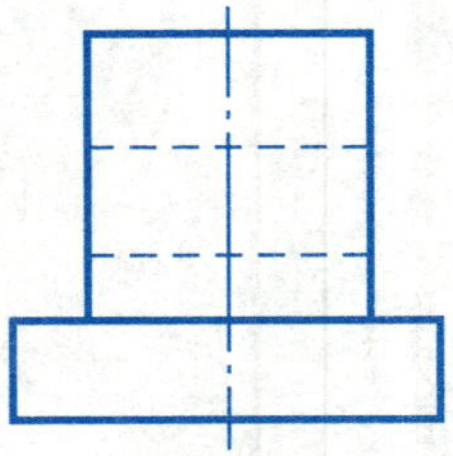

（4）

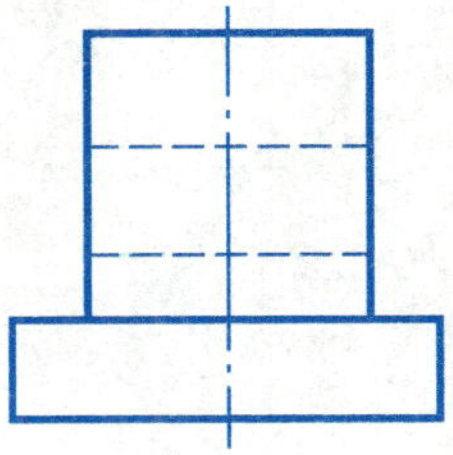

2.

(1)

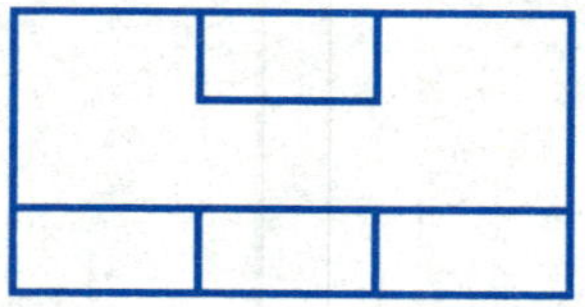

(2)

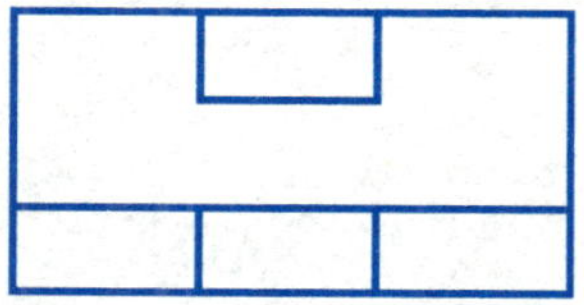

(3)

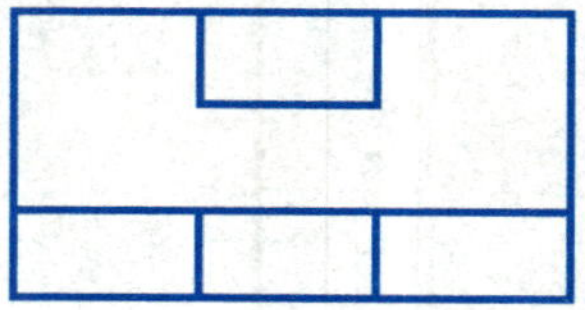

(4)

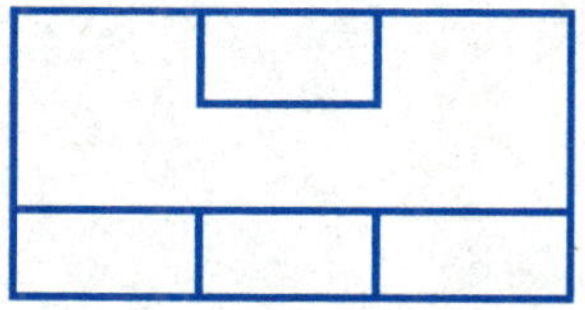

3-8 根据已知的主视图，构思不同的组合体，绘制另外的两个视图（三）

3.

(1)

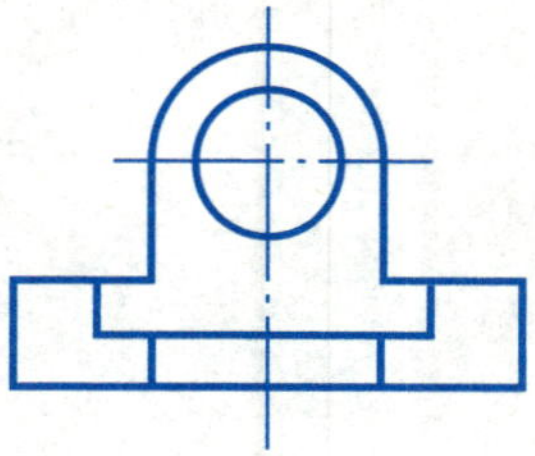

(2)

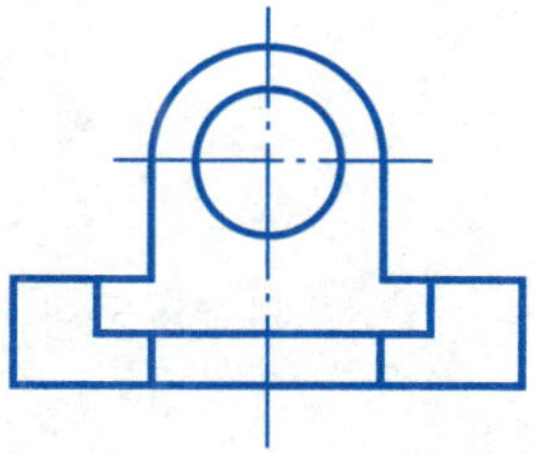

(3)

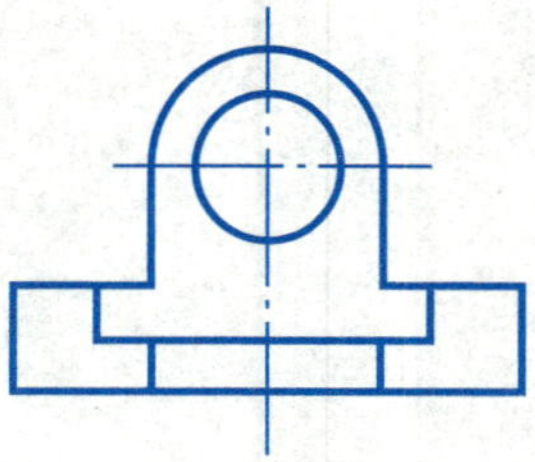

(4)

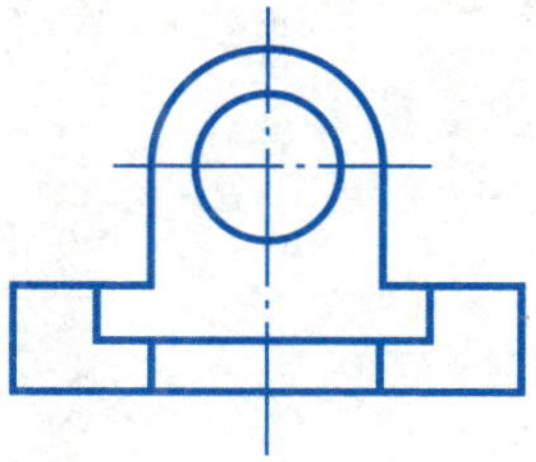

3-8 根据已知的主视图，构思不同的组合体，绘制另外的两个视图（四）

4.

(1)

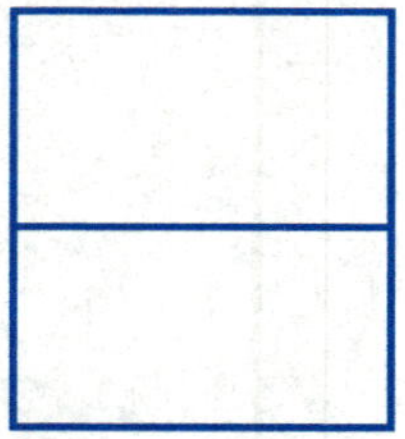

(2)

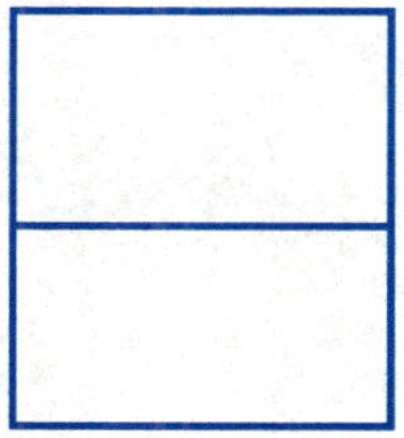

(3)

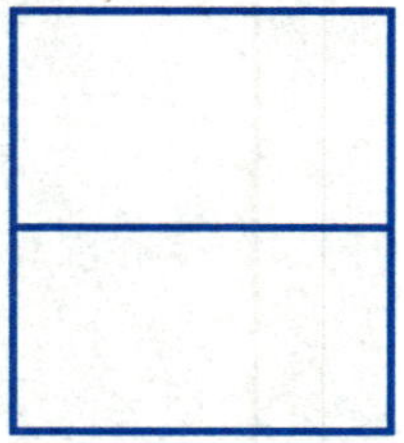

班级　　姓名　　学号　　审核

3-8 根据已知的主视图，构思不同的组合体，绘制另外的两个视图（五）

5.

(1)

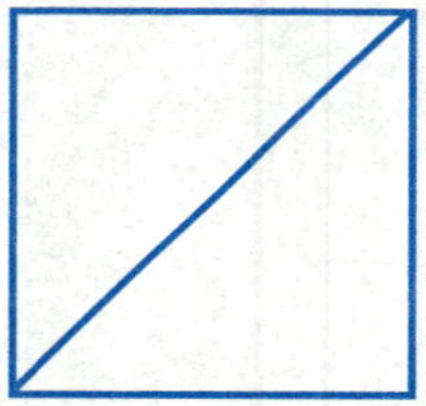

(2)

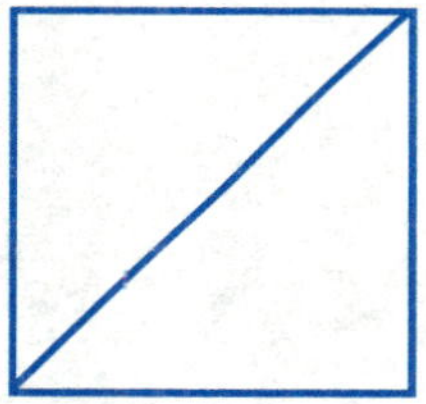

(3)

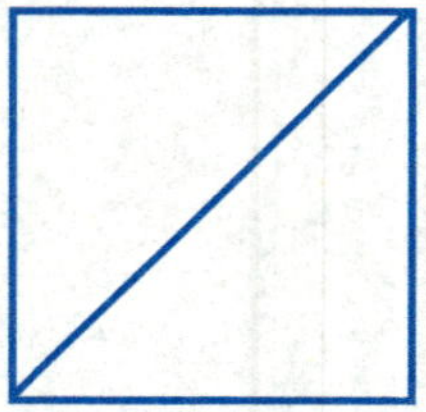

班级　　姓名　　学号　　审核

3-9　已知形体的主、俯视图，构思出两个不同的形体，绘制第三个视图

1.

(1)

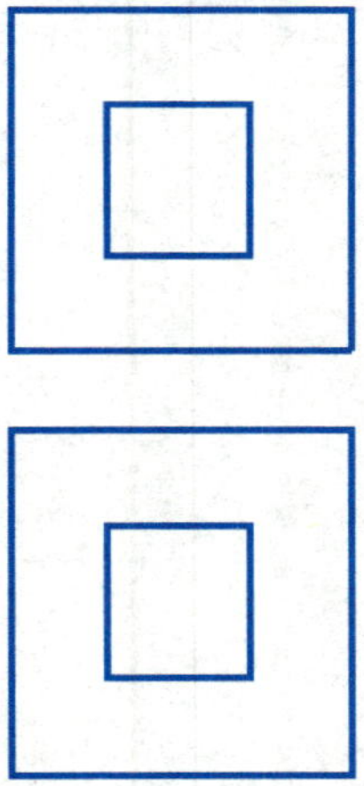

(2)

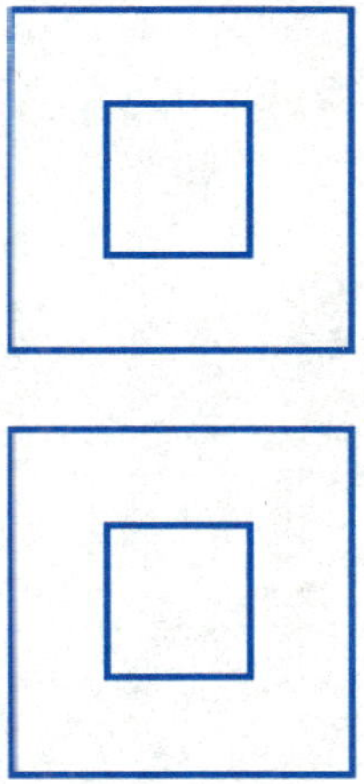

2.

(1)

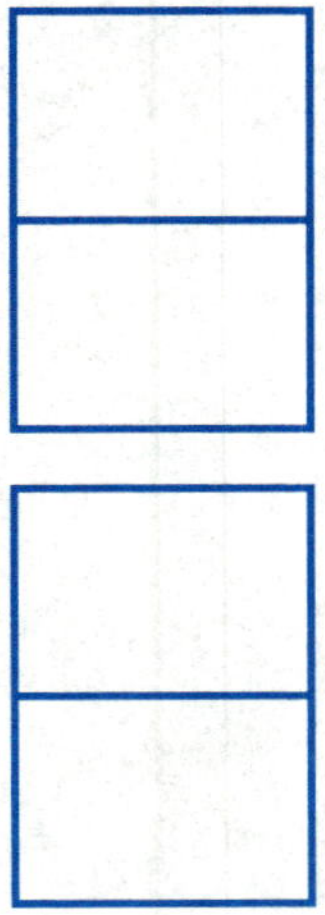

(2)

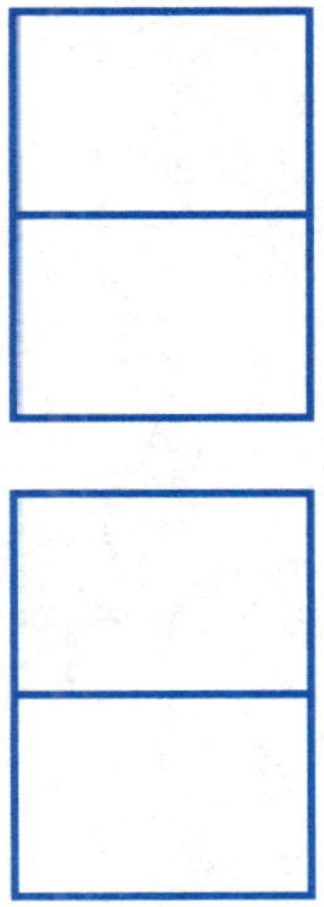

班级　　　　姓名　　　　学号　　　　审核

3-10 已知形体的主视图，构思出两个不同的形体，绘制另两个视图

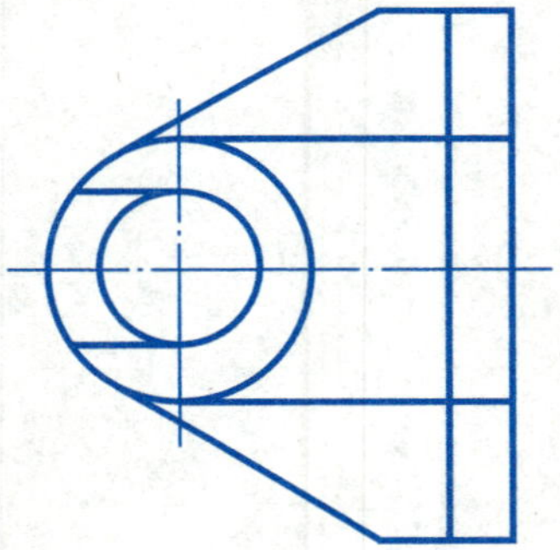

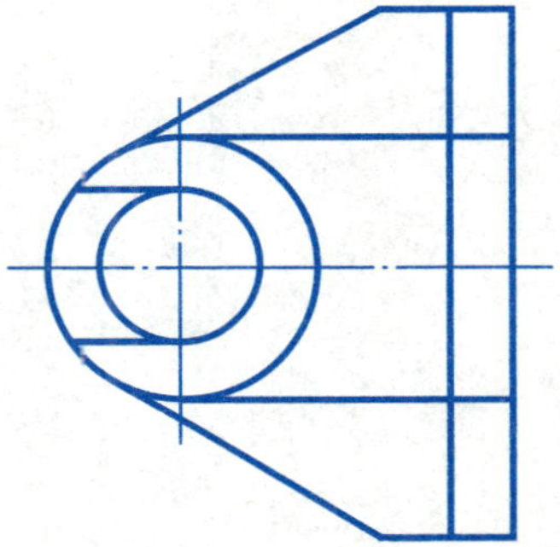

3-11　绘制正等轴测图（一）

1.

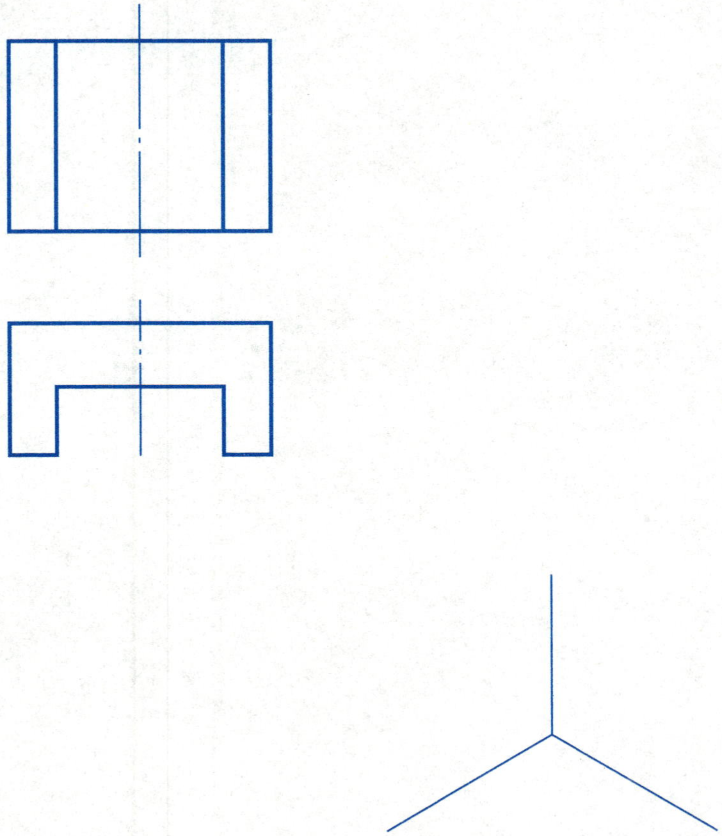

2.

班级　　　　姓名　　　　学号　　　　审核

3.

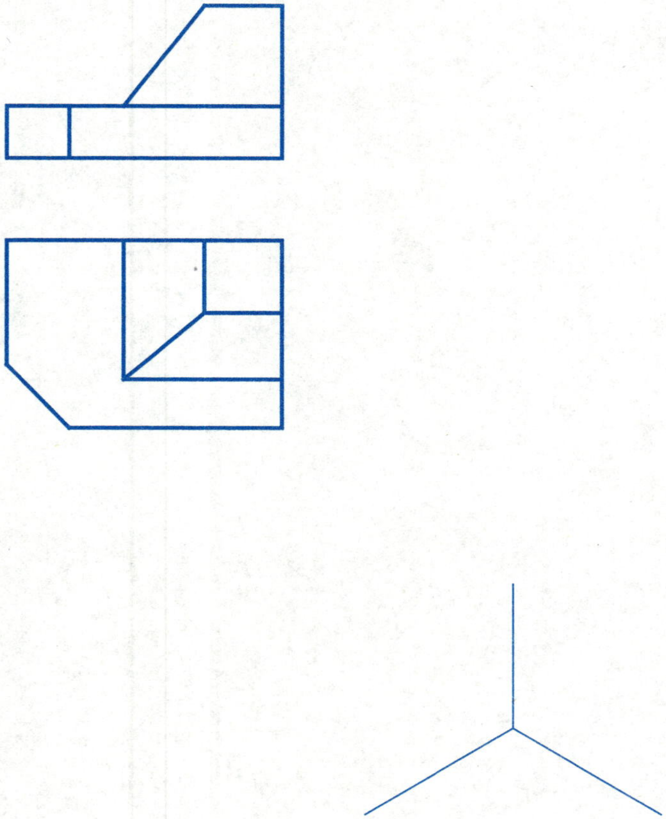

4.

5.

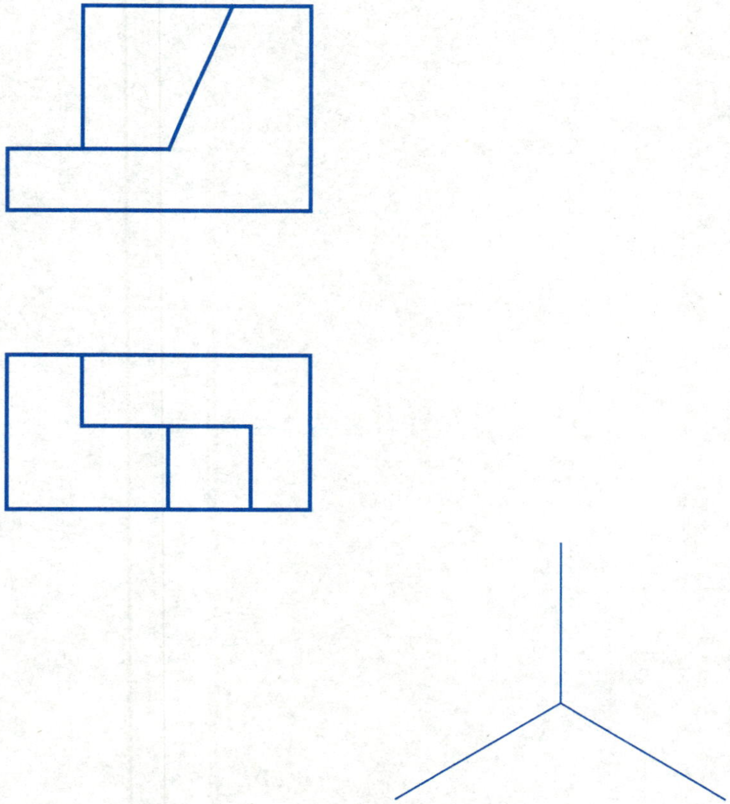

6.

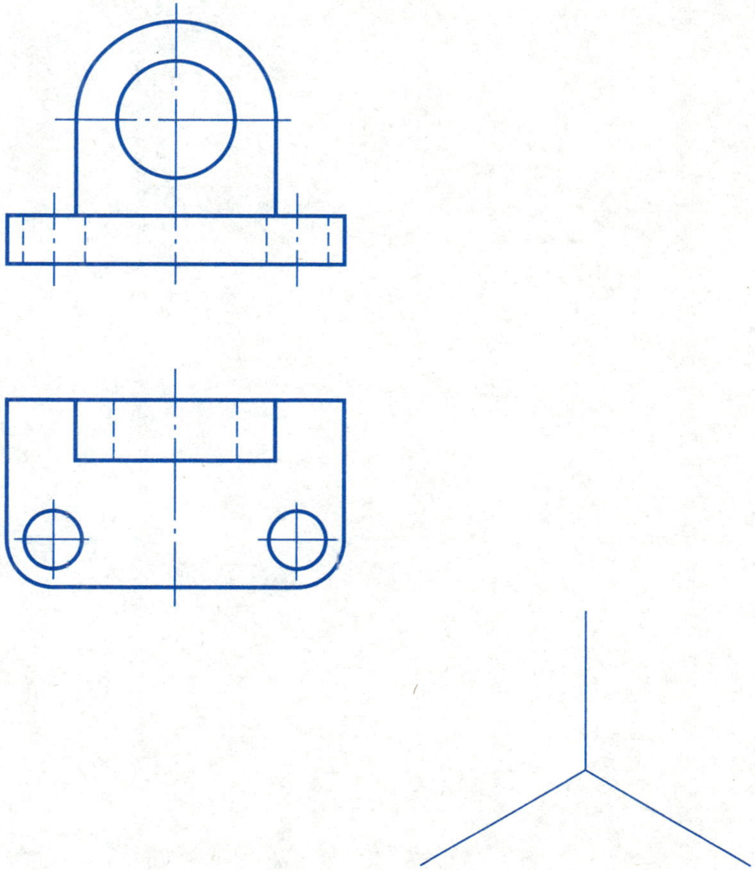

3-12　绘制斜二测图（一）

1.

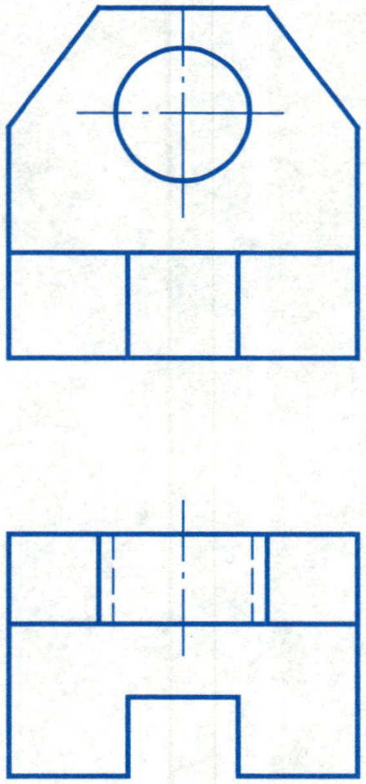

2.

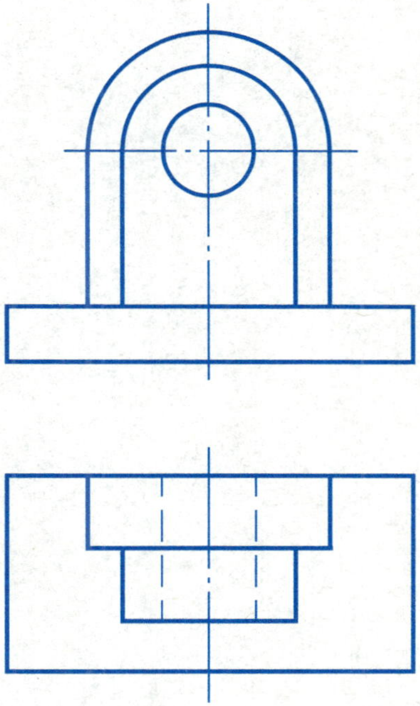

3-12　绘制斜二测图（二）

3.

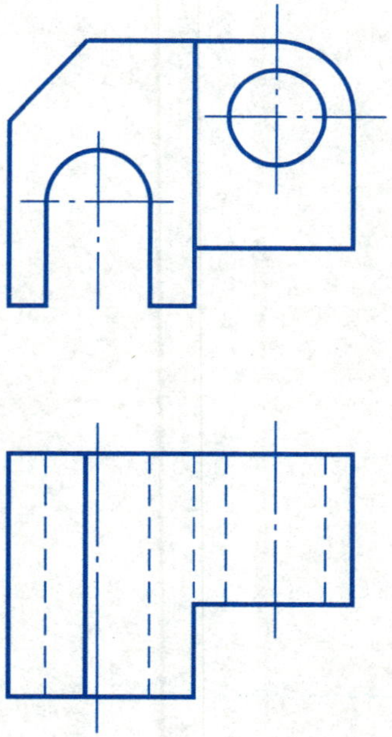

4.

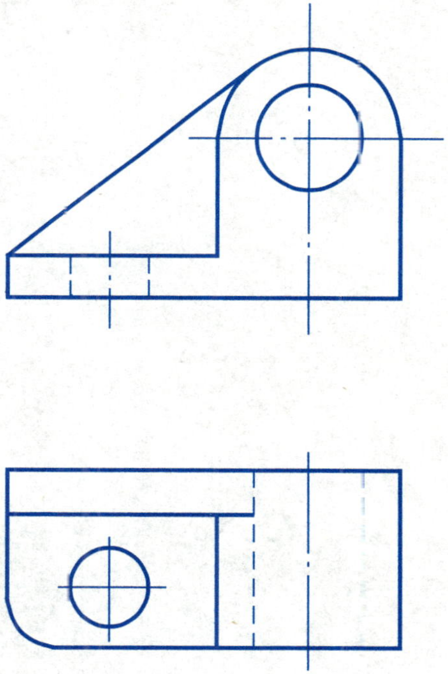

5.

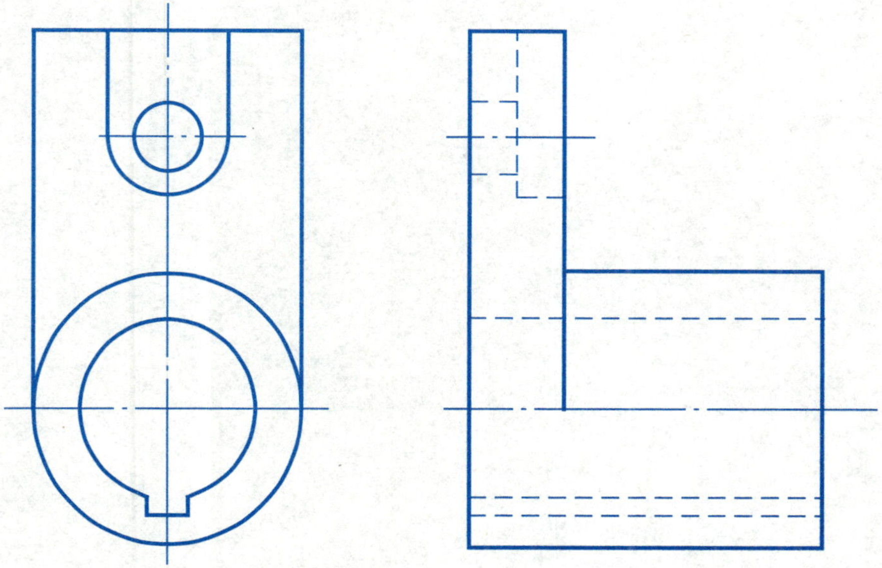

3-13　读懂轴测图，在下页找出对应的三视图，并将轴测图编号填入下页相应三视图的括号内

1.

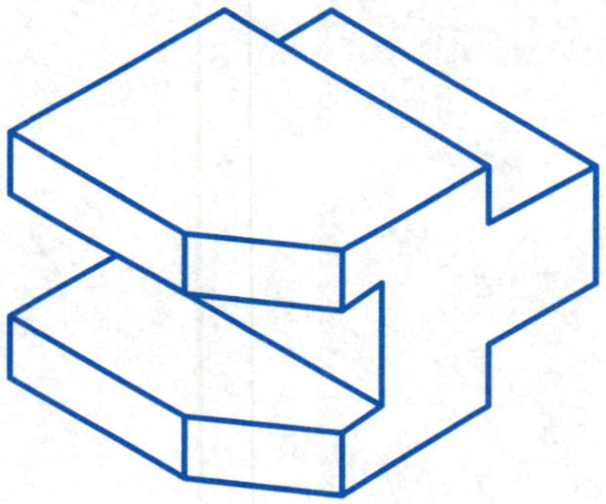

2.

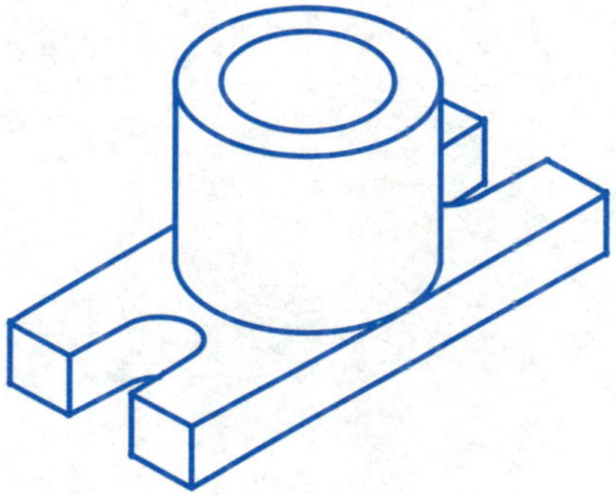

3.

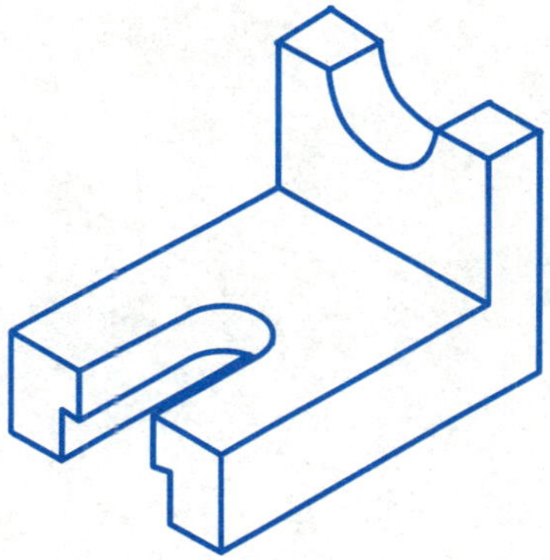

4.

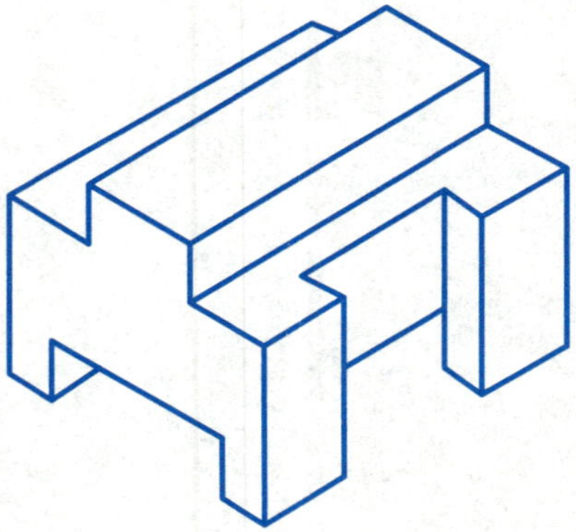

5.

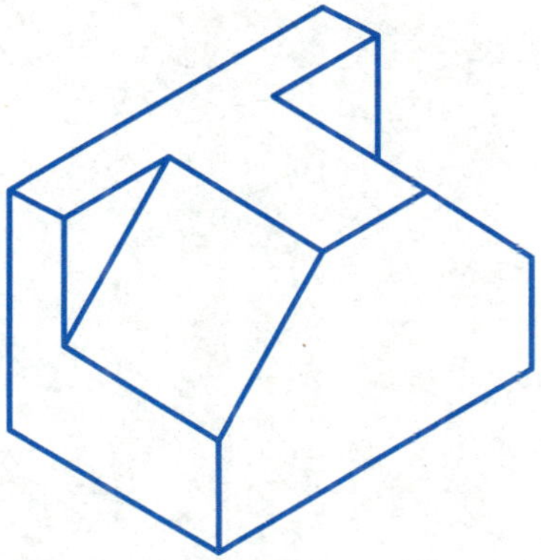

6.

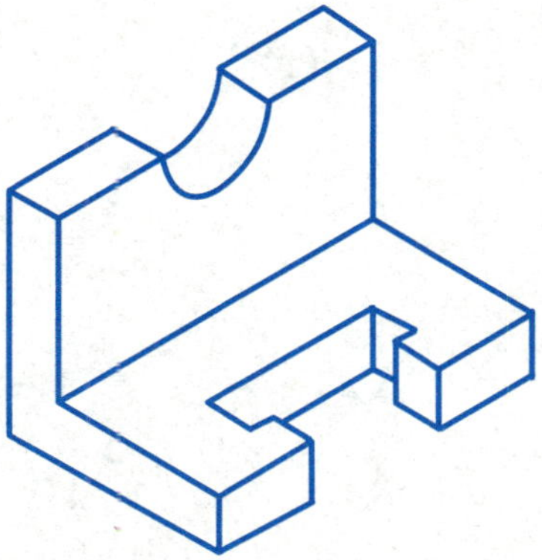

班级　　　　姓名　　　　学号　　　　审核

3-13　将上页轴测图编号填入对应三视图的括号内

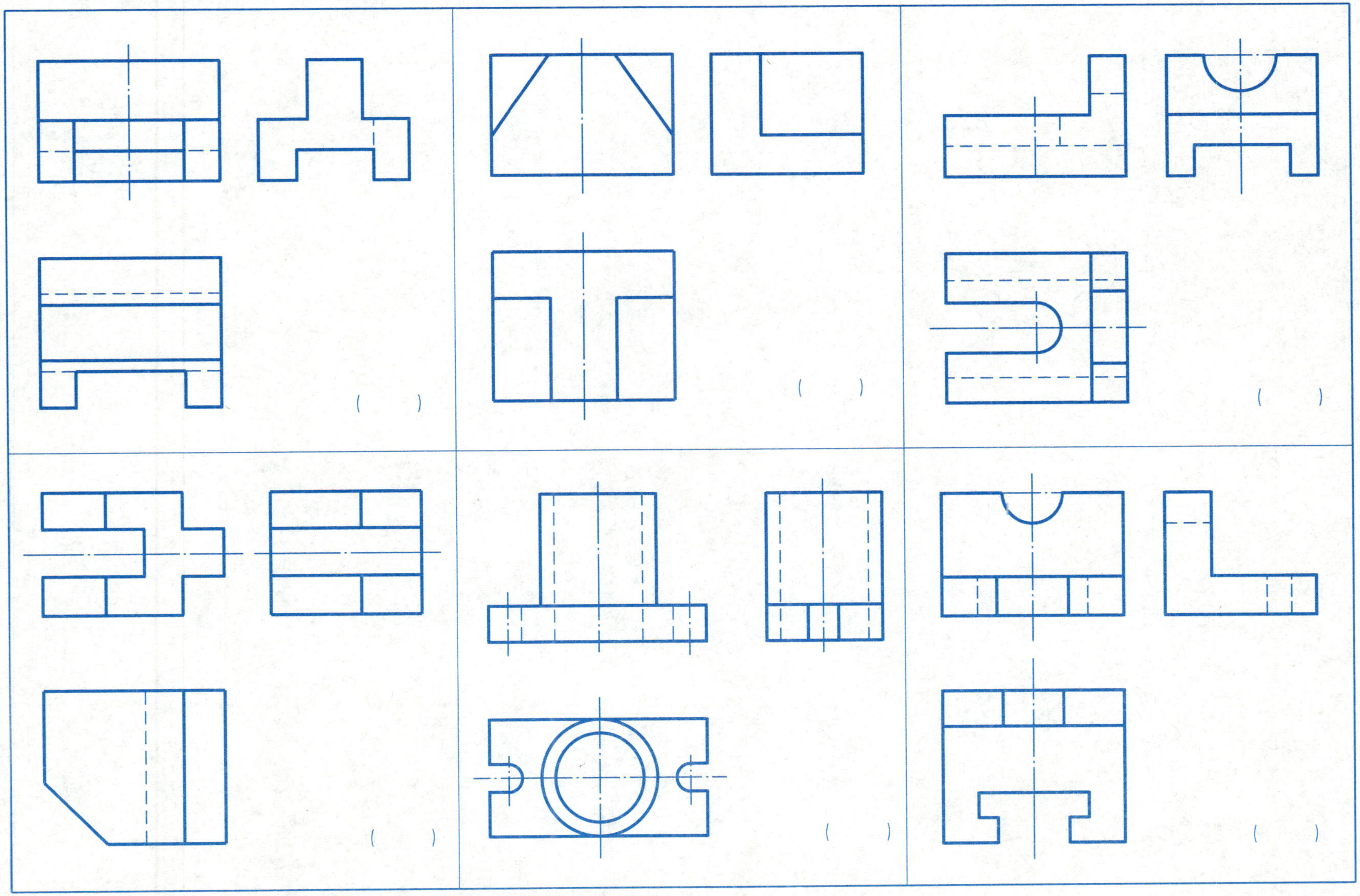

3-14　已知形体轴测图，目测尺寸，徒手绘制三视图

1.

2.

3.

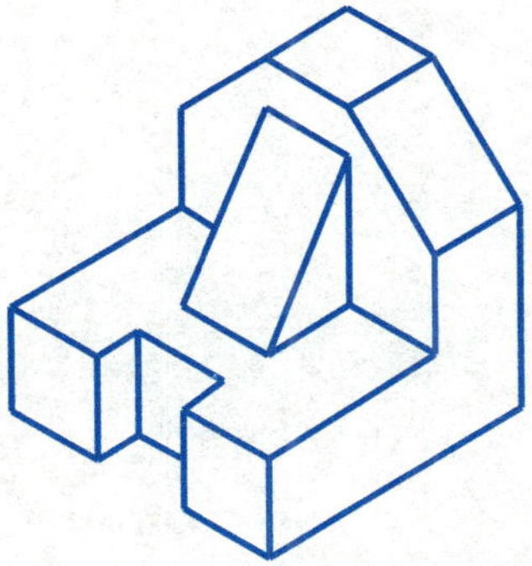

4.

3-15　已知形体轴测图，按 1∶1 的比例量取尺寸，尺规作图，绘制三视图

1.

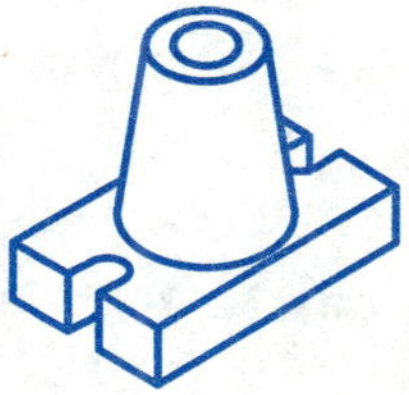

2.

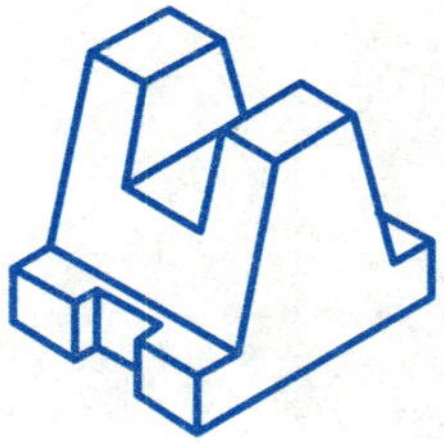

3.

4.

3-16 按 1：1 的比例量取尺寸，在 A3 图纸上绘制三视图

1.

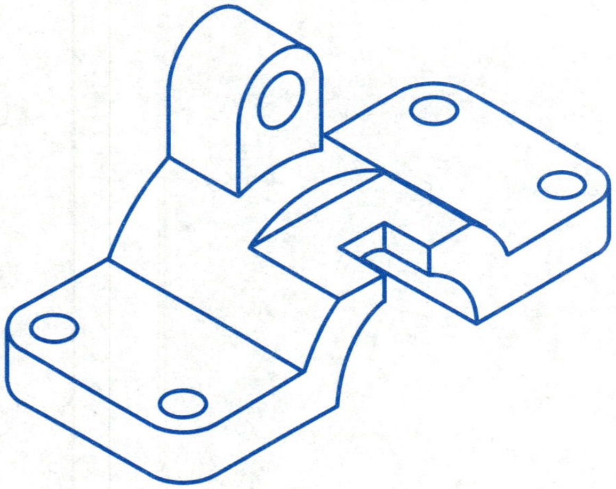

2.

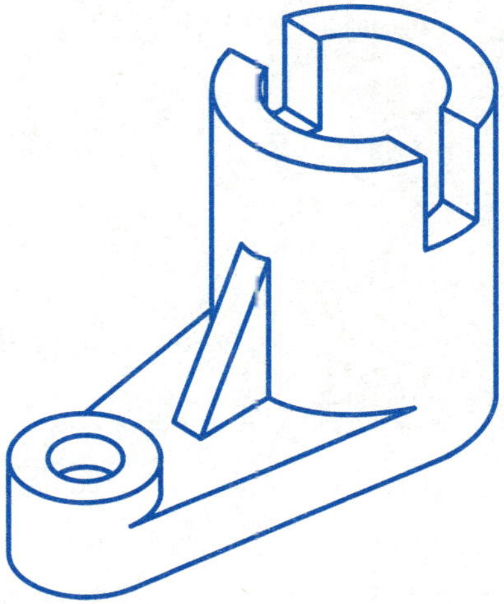

3.

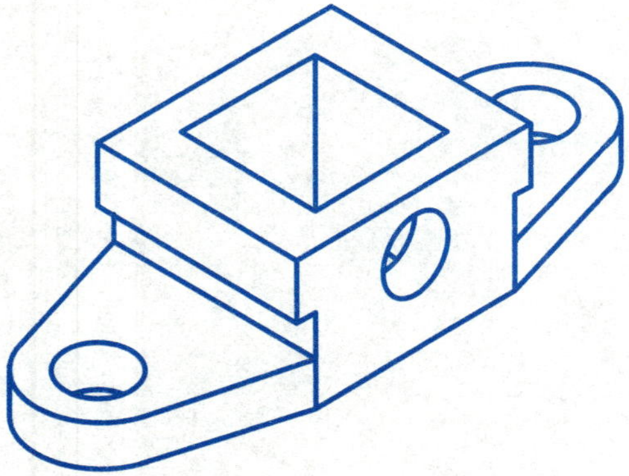

4.

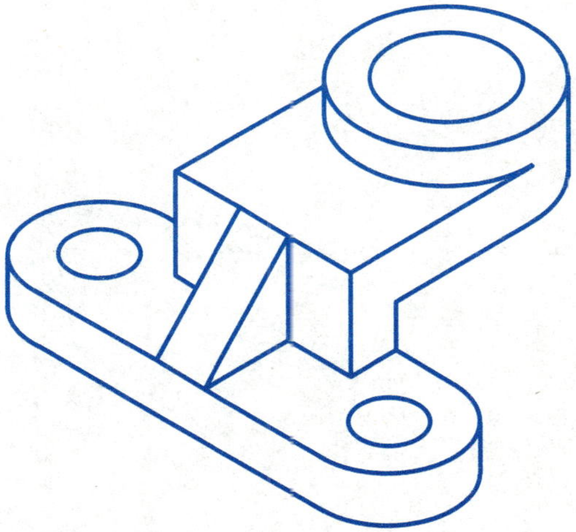

班级　　姓名　　学号　　审核

3-17 在 AutoCAD 中绘制下列三视图（尺寸自定）

1.

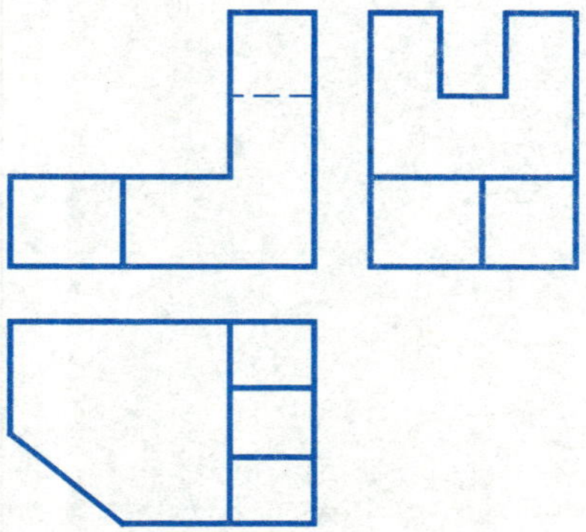

2.

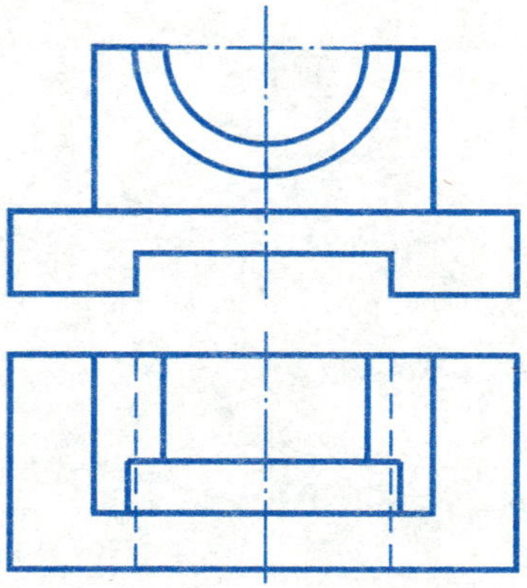

3.

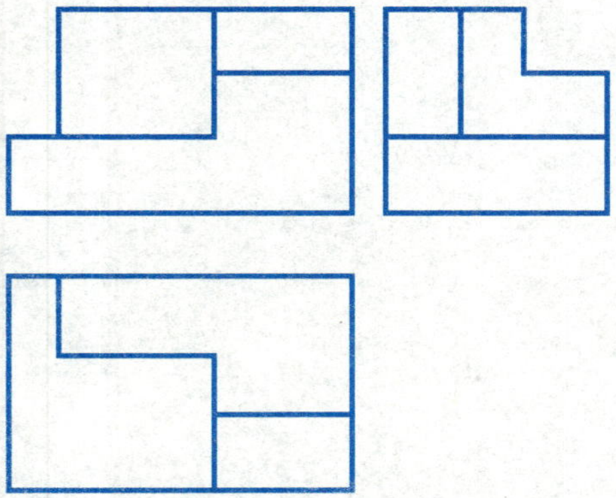

4.

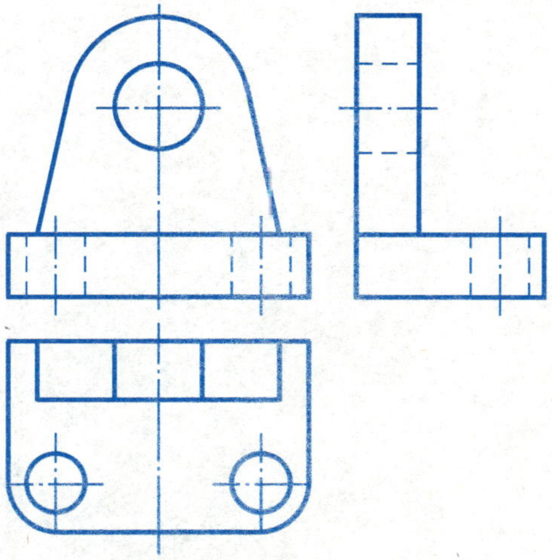

班级　　姓名　　学号　　审核

3-18 在 AutoCAD 中按尺寸绘制已知视图，补画第三个视图

1.

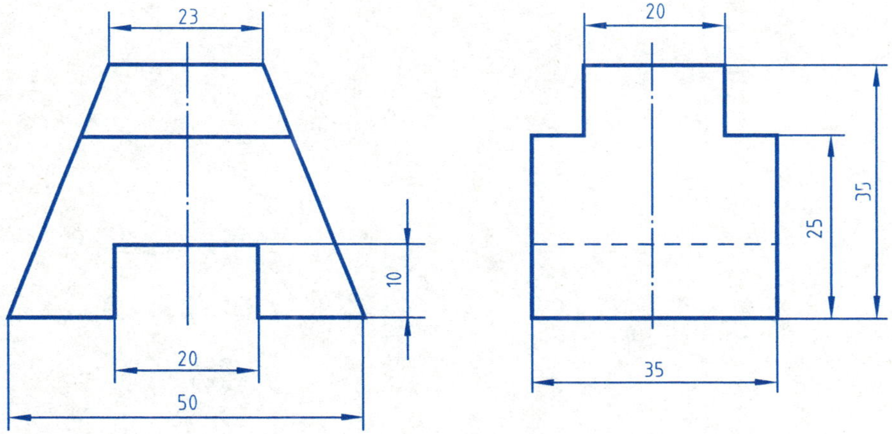

2.

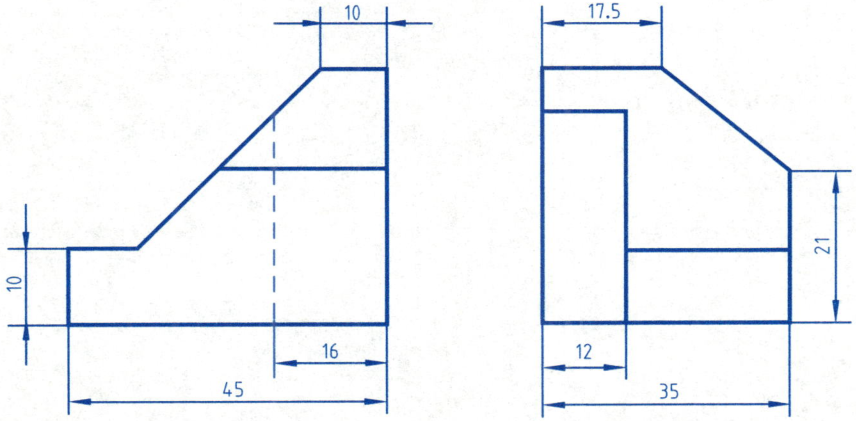

班级　　姓名　　学号　　审核

3-19 读懂视图，在 AutoCAD 中绘制下列图形，并补画第三个视图

1.

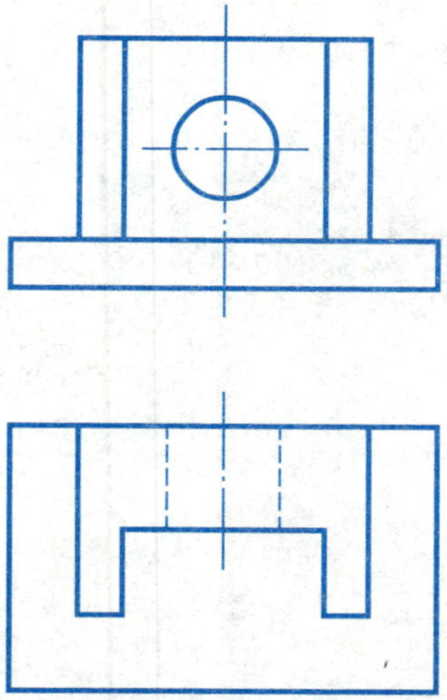

2.

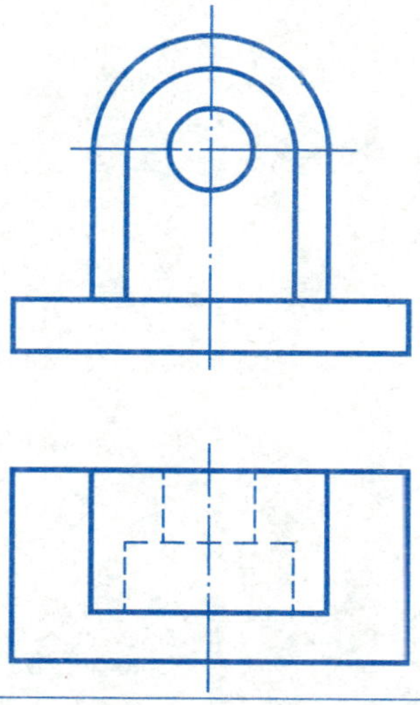

3.

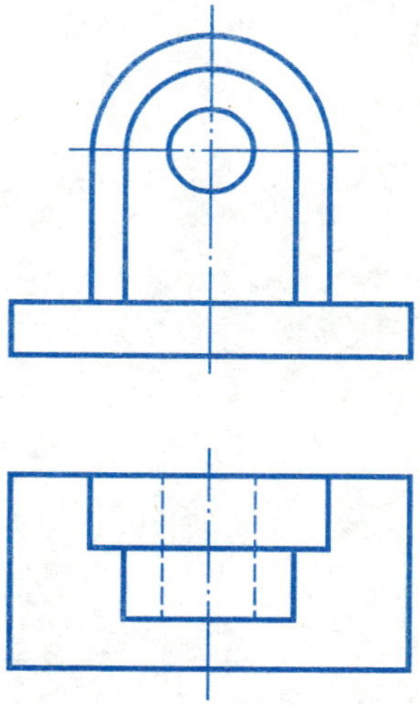

4.

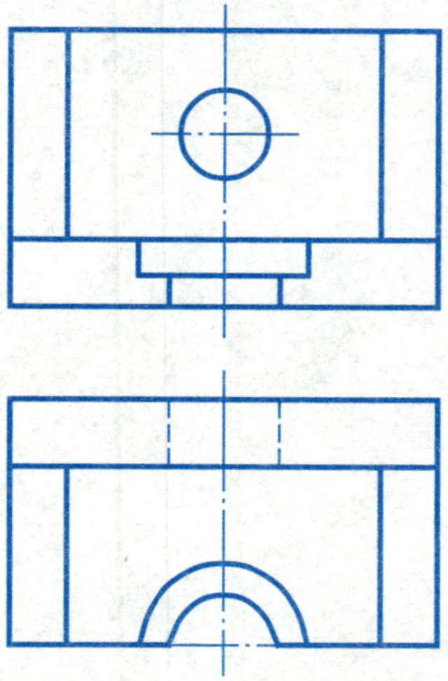

5.

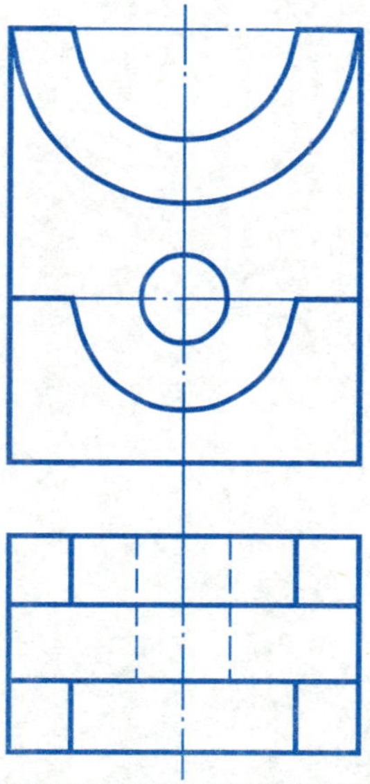

6.

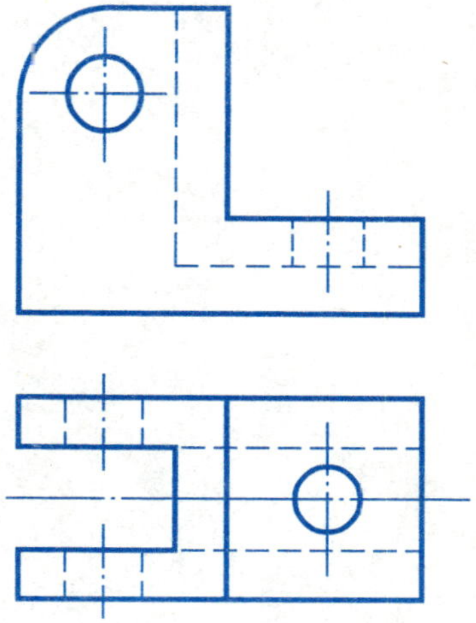

班级　　　　姓名　　　　学号　　　　审核

3-20 读懂视图，在 AutoCAD 中绘制下列图形，补画第三个视图，标注尺寸（尺寸取整数）

1.

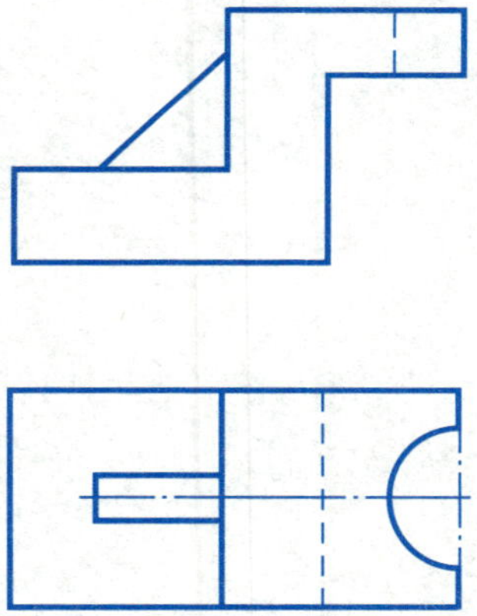

2.

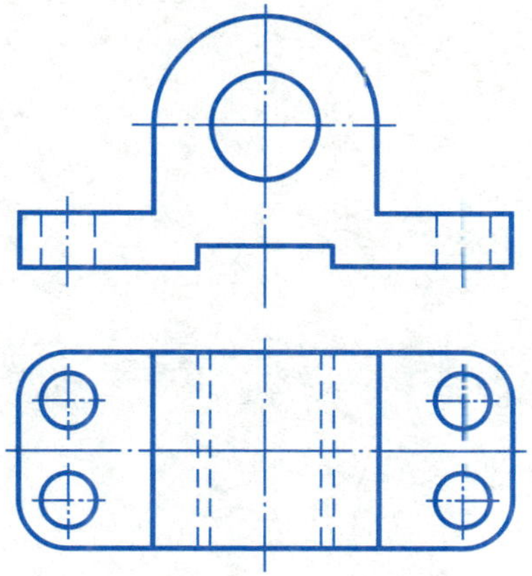

3.

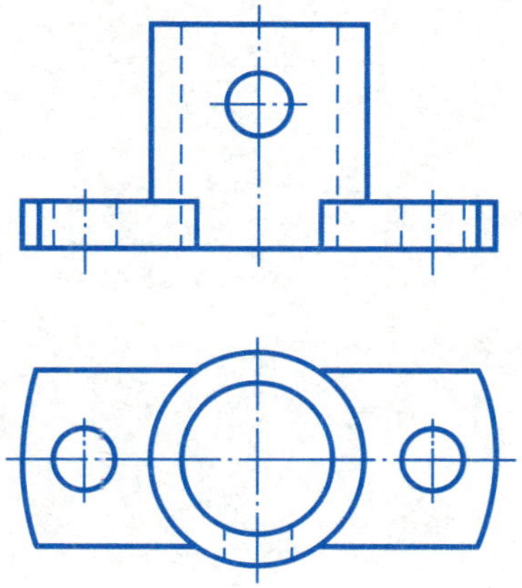

4.

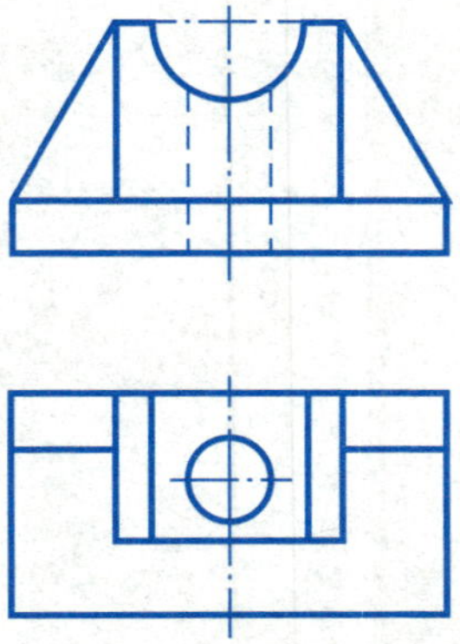

5.

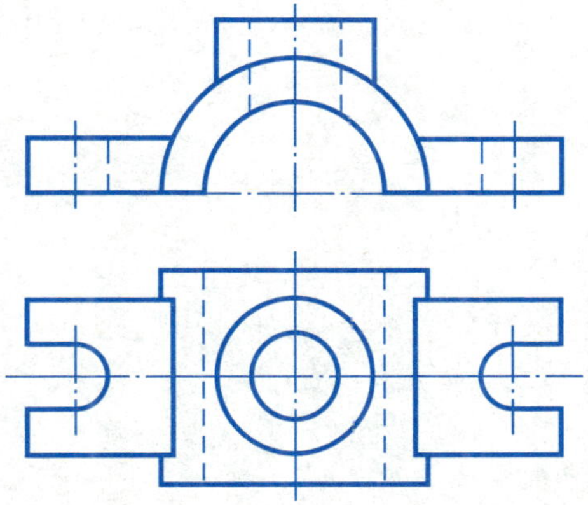

6.

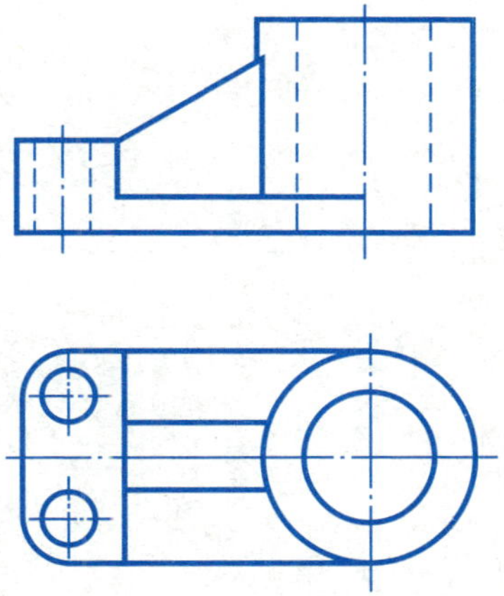

班级　　　　姓名　　　　学号　　　　审核

第四单元　零件的表达

4-1　剖视图（一）

1. 将主视图绘成全剖视图

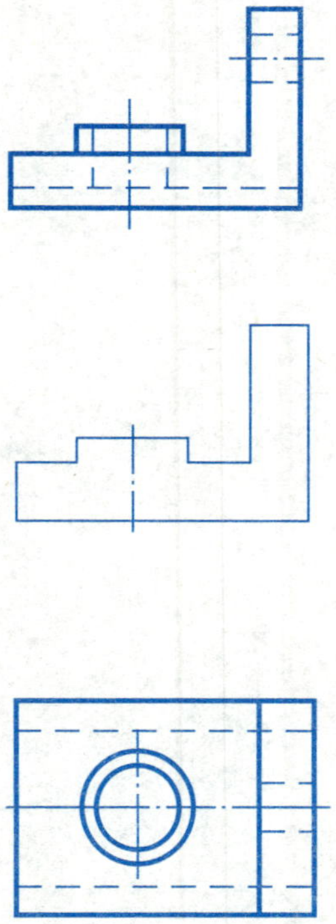

2. 将主视图绘成全剖视图

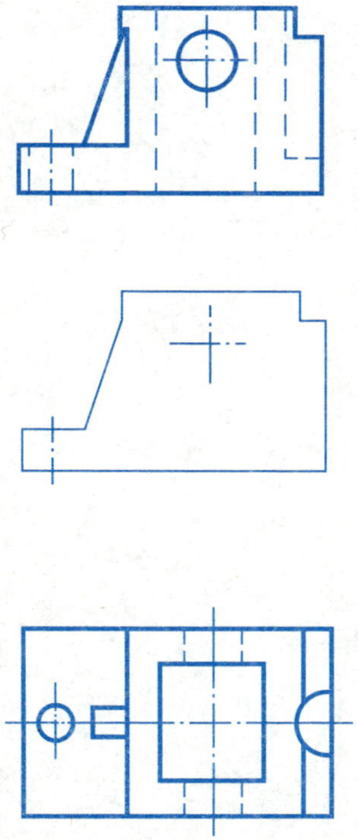

3. 将主视图绘成 *A—A* 全剖视图

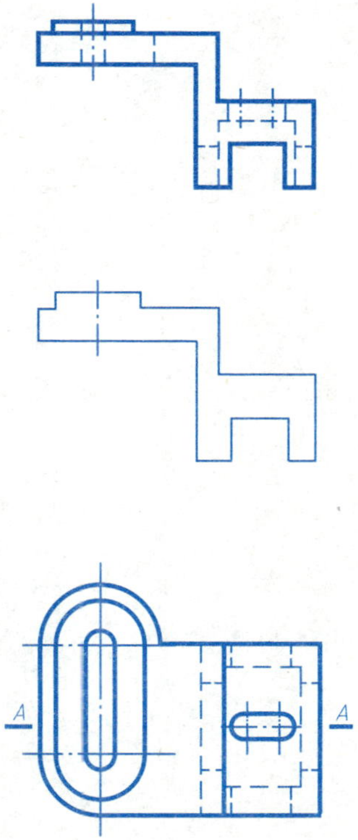

4. 将主视图绘成全剖视图

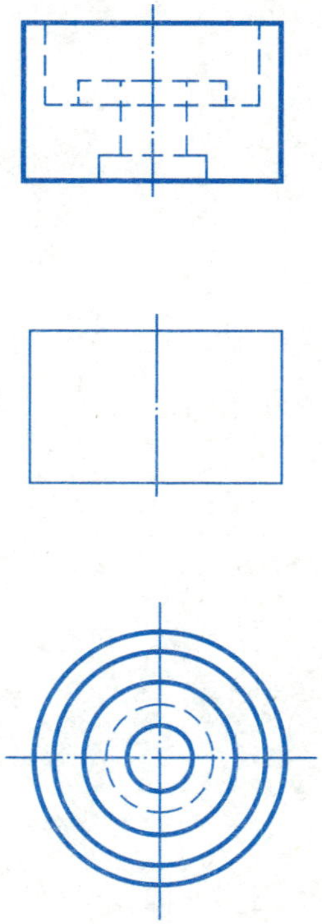

4-1 剖视图（二）

5. 将主视图绘成半剖视图

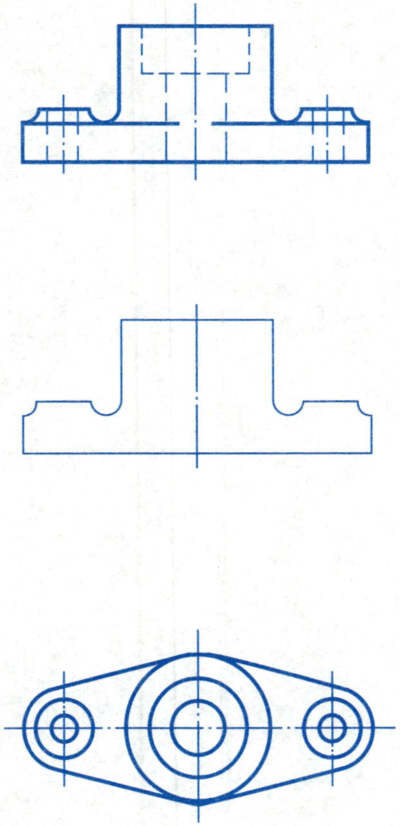

6. 将主视图绘成半剖视图

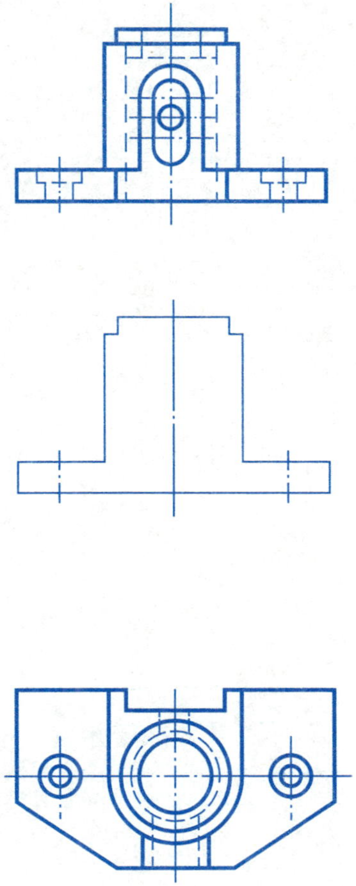

7. 将主视图绘成全剖视图，俯视图画成半剖视图

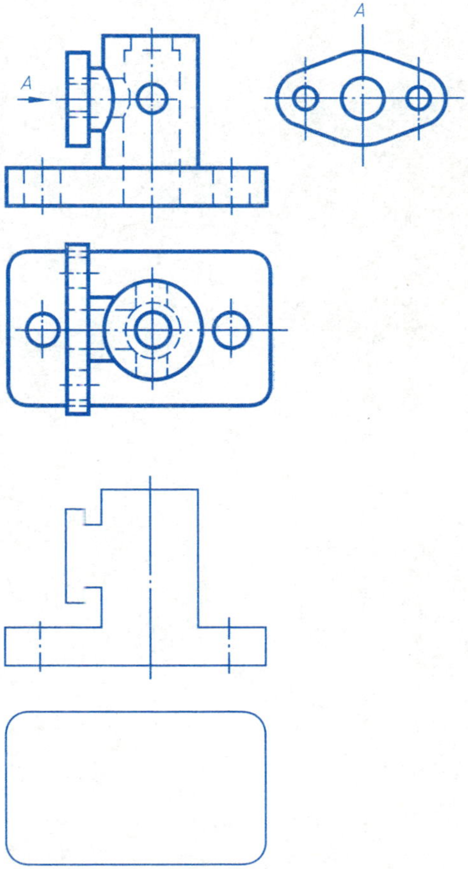

4-2　将下列各视图作局部剖视

1.

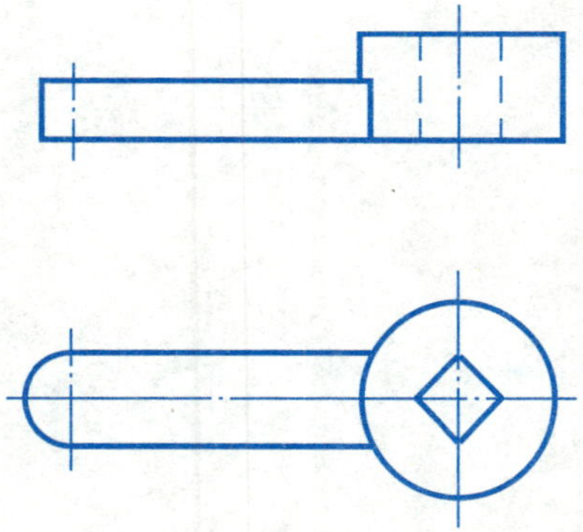

2.

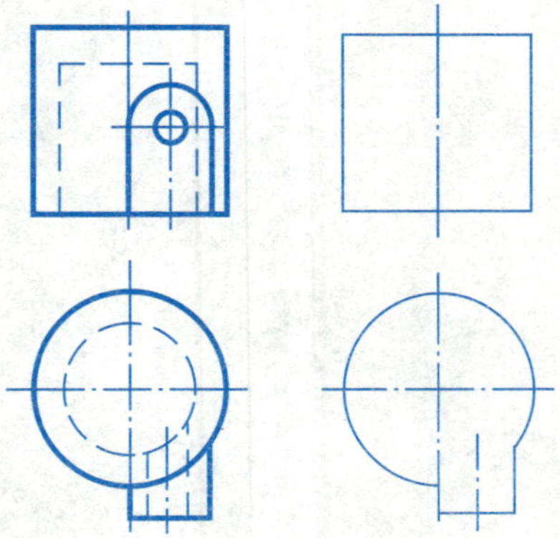

3.

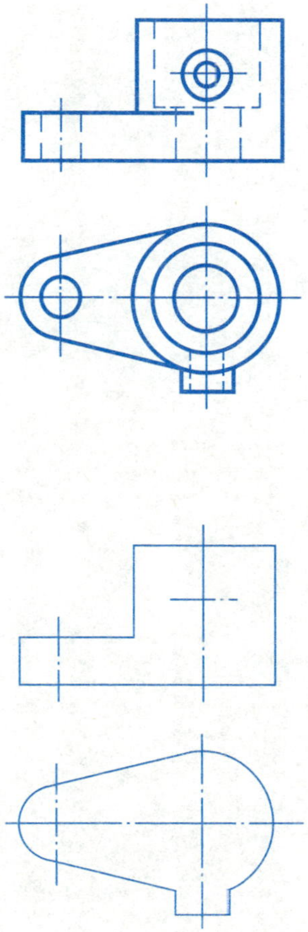

4.

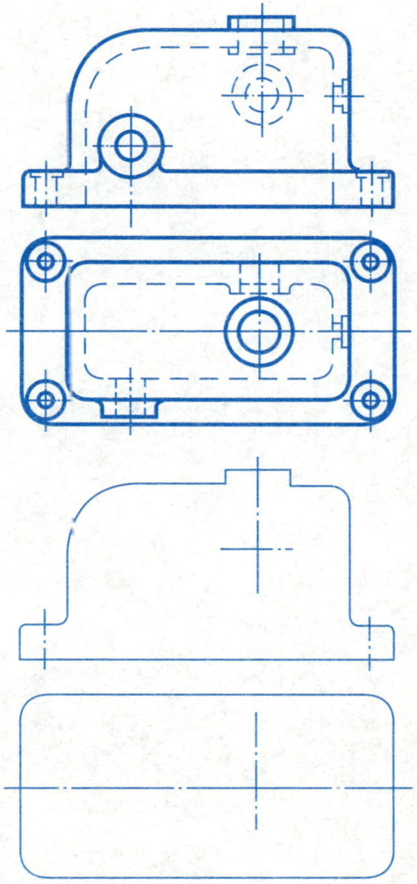

4-3 绘制下图的 *A*—*A* 断面图

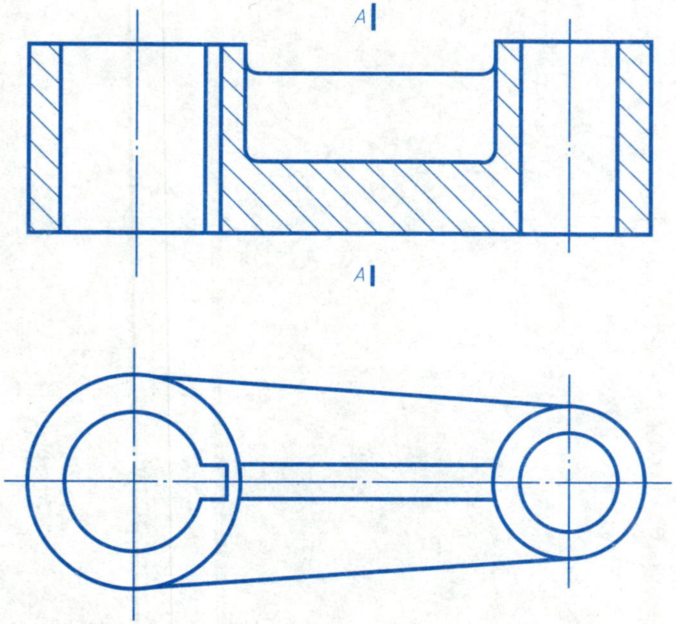

4-4 在指定位置作出轴的断面图（左端键槽深 4mm，右端键槽深 3mm）

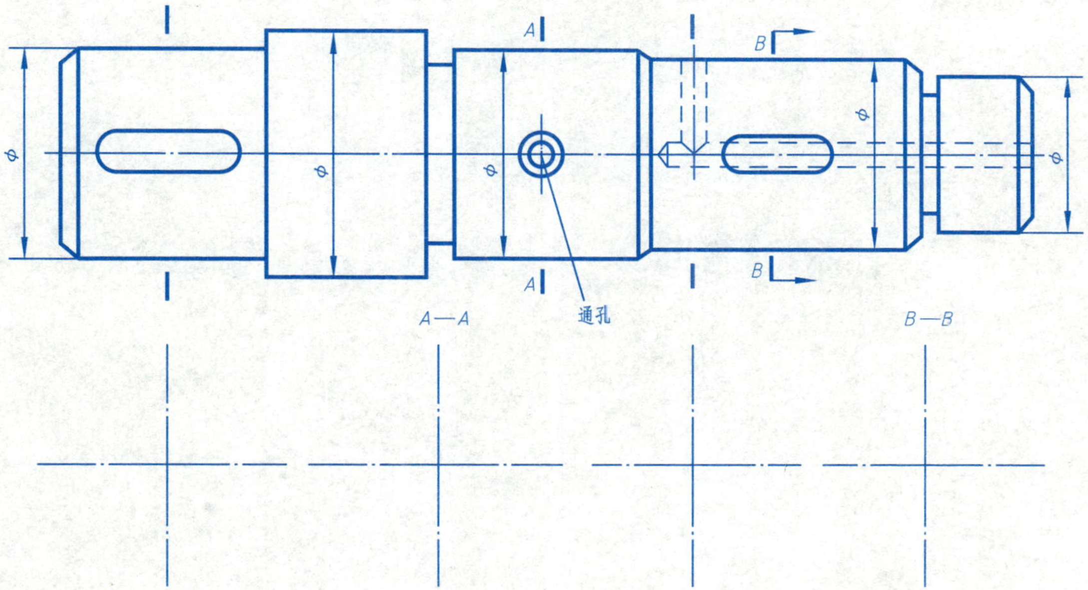

4-5 识读零件图，想象该零件的结构形状，完成填空题

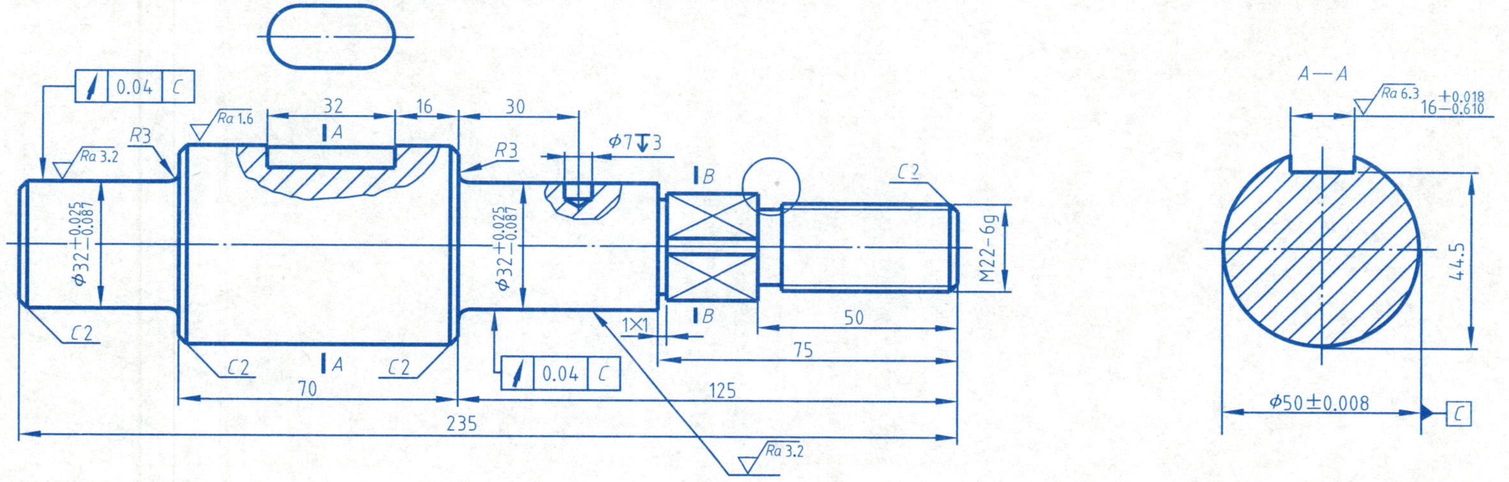

技术要求

1.除螺纹表面外，其他部位表面均为45～50HRC。

2.表面处理：发蓝。

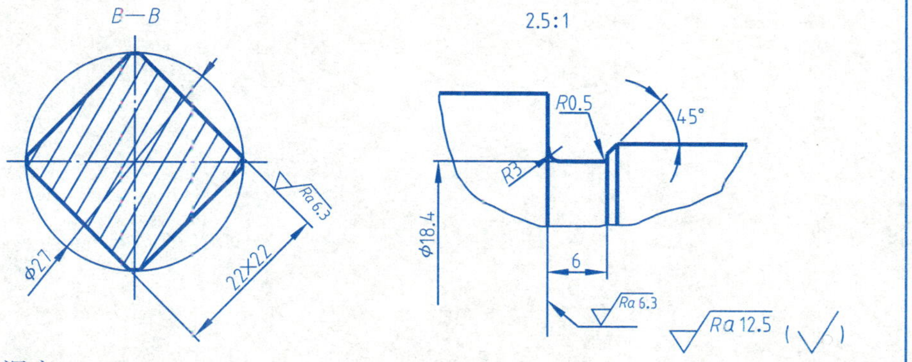

填空题

1. 该零件图采用的表达方法有__________________。

2. 靠右侧的两处斜交细实线是_______符号。

3. 键槽的定位尺寸是______；长度______；宽度______；深度______。

4. 尺寸 C2 中 C 表示______；2 表示______；1×1 中 1 表示______；φ7↧3 中的 φ7 表示______；↧3 表示______。

5. M22-6g 中，M22 表示______；6g 表示______。

6. [↗ | 0.04 | C] 表示______两圆柱面对______轴线的径向圆跳动公差为______。

主轴			比例	1:2		
			件数	1		
制图	(签名)	(年 月 日)	重量		材料	45
描图						
审核						

4-6 识读下图所示轴套类零件的结构形状，完成填空题并绘制 *E—E* 断面图

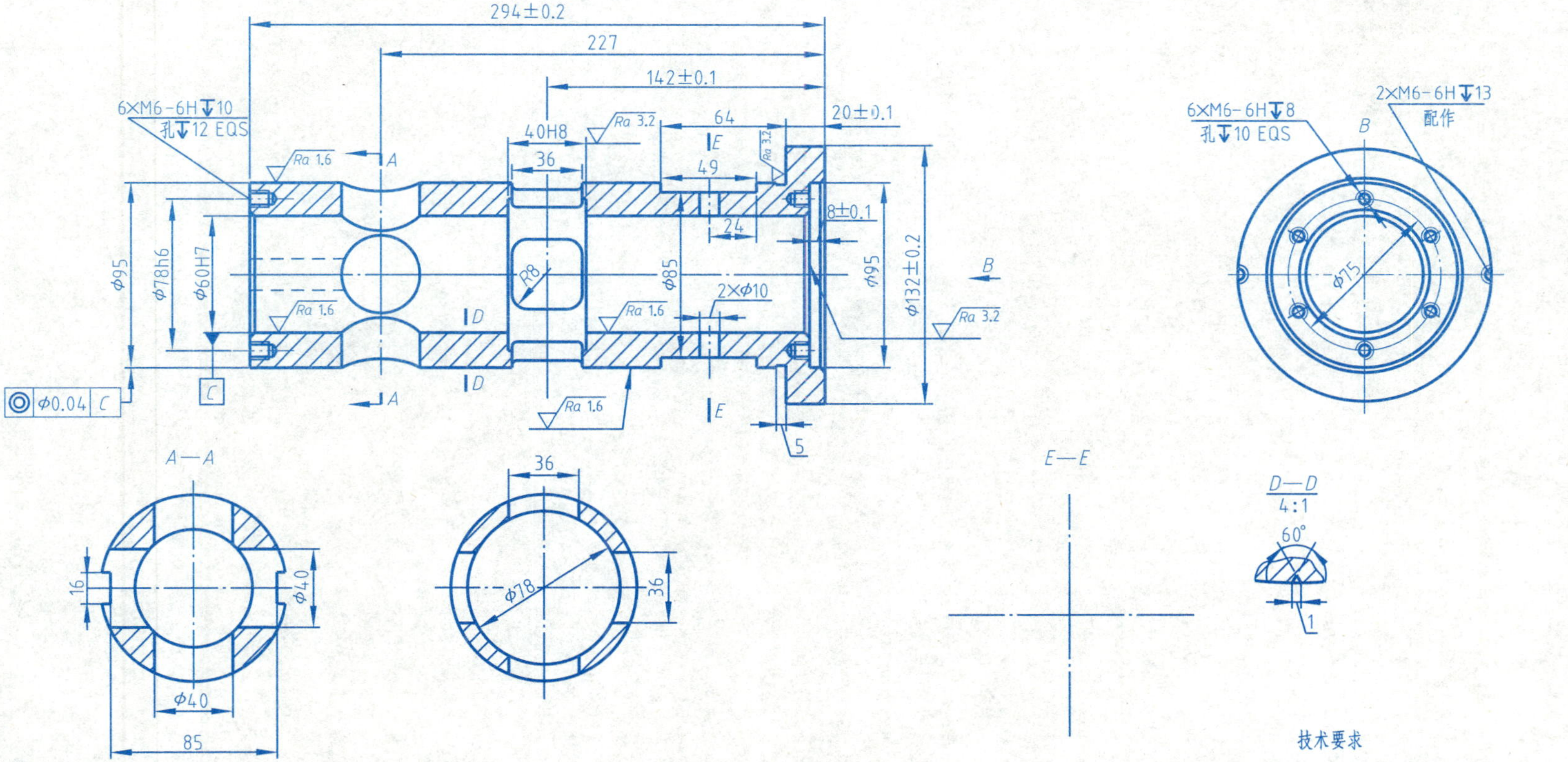

技术要求

1. 锐边除净毛刺；未注倒角C2.5。
2. 除两端面及螺孔外，其余表面渗氮处理。

Ra 6.3 (√)

填空题

1. 该零件采用了________个基本视图，主视图是________剖视图；图中 *A—A* 是________图，其右边的图是________图；

2. 表示 *A—A* 剖切位置的箭头是________省略的，因为____________。

3. 零件上长度方向尺寸的主要基准在________；ϕ78h6 的基本偏差是________；ϕ60H7 的极限尺寸是________；

4. *B* 向视图是________视图；图 *D—D* 是________。

套筒			比例	1:2		
			件数	1		
制图	(签名)	(年 月 日)	重量		材料	45
描图						
审核						

4-7 识读端盖零件图，想象该零件的结构形状，完成填空题并画出右视图

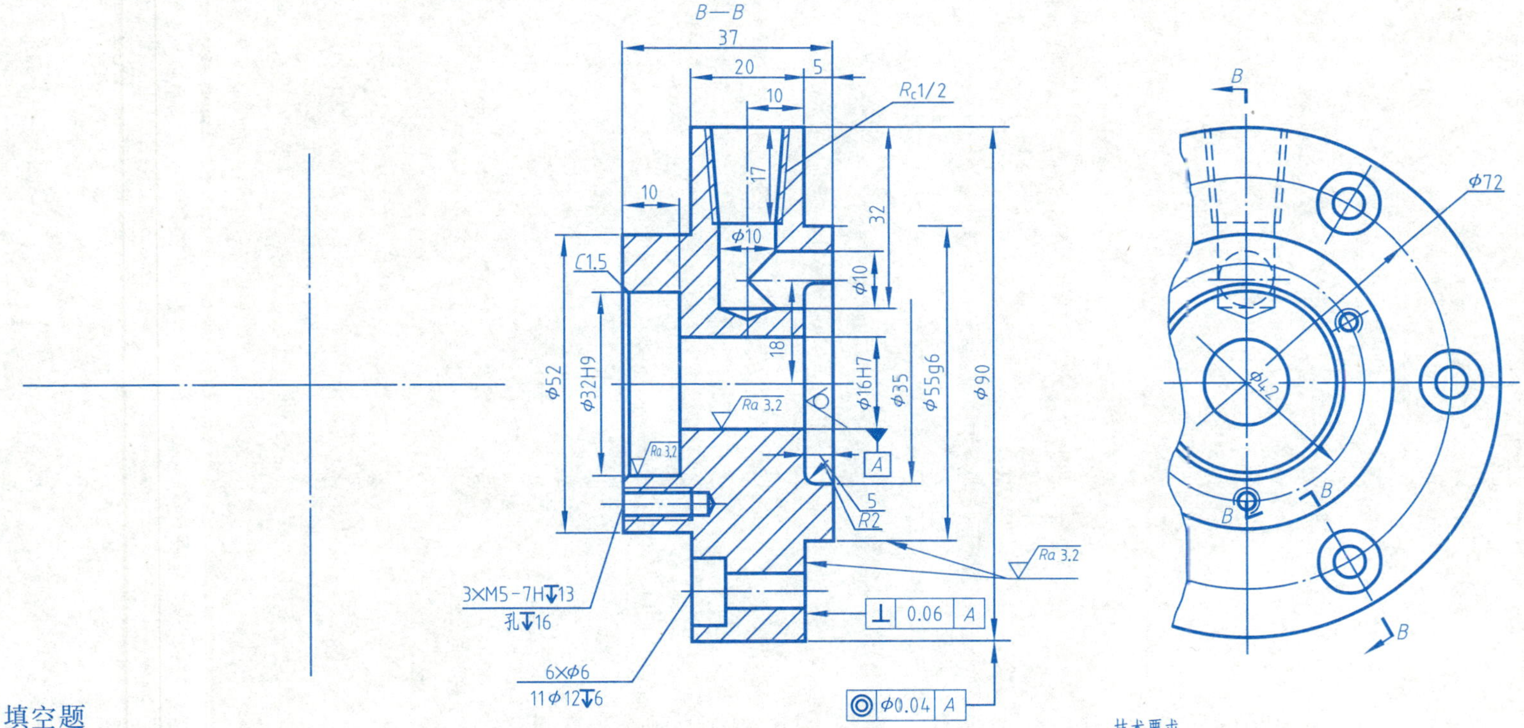

填空题

1. 零件的主视图是________剖视图。采用的是________的剖切平面。

2. 零件的长度方向尺寸的主要基准在________侧，是长度为________圆柱体的________端面。

3. 零件上有________处几何公差，它们的名称是________度和________度，基准是________。

4. 该零件左端面凸缘有____个螺纹孔，公称直径是______，螺纹长度是______。

5. 该零件左端面有________个沉孔，尺寸是________。

技术要求

1. 铸件不得有砂眼、裂纹。
2. 锐边倒角C1。
3. 全部螺纹均有C1.5的倒角。
4. 铸件应作时效处理。

端盖		比例	1:1		
		件数	1		
制图	(签名)	(年 月 日)	重量		材料	HT150
描图					
审核					

4-8 识读拨叉零件图，补画俯视图和标明长、宽、高三个方向的主要尺寸基准，并完成填空题

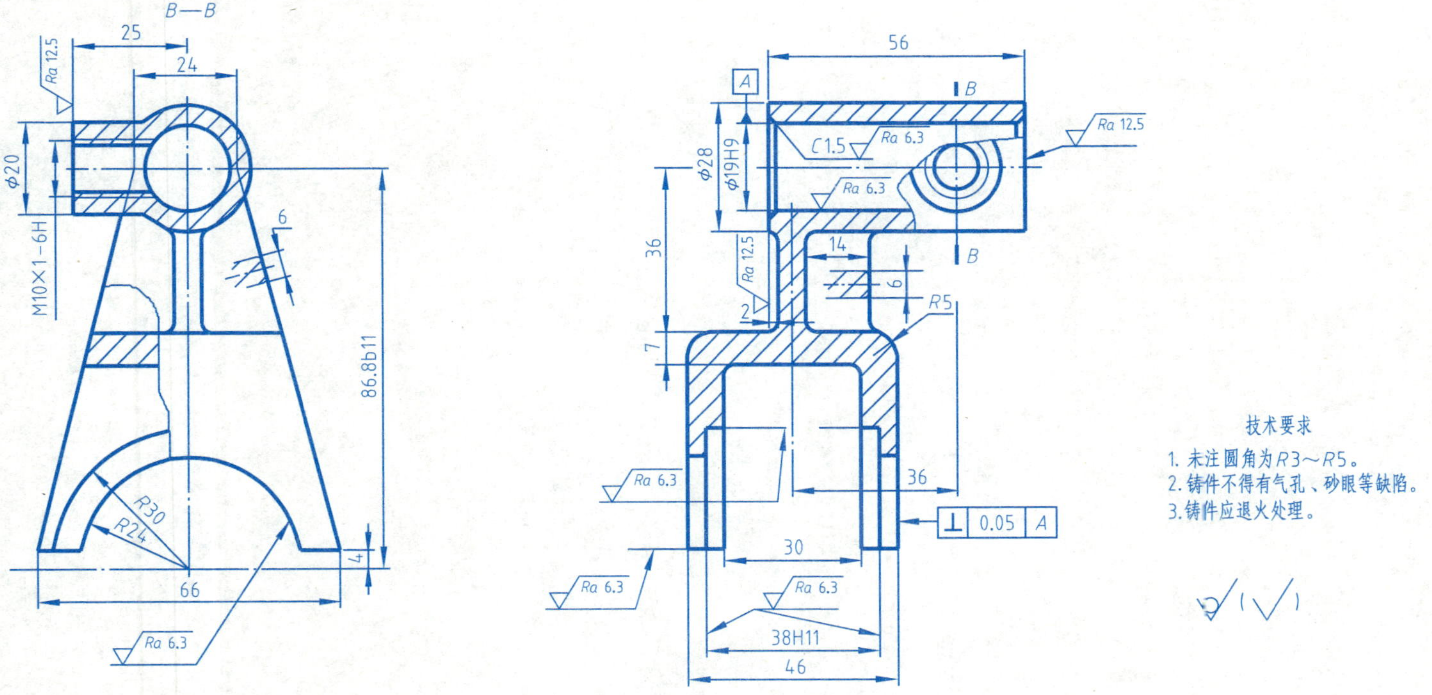

填空题

1. 38H11 表示公称尺寸是________，公差带代号________，公差等级________，基本偏差代号是________，下极限偏差为________。

2. M10×1-6H 是________螺纹，螺距是________mm，6H 是________的公差带代号。

拨叉			比例	1:1		
			件数	1		
制图	(签名)	(年 月 日)	重量		材料	HT200
描图						
审核						

4-9 运用 AutoCAD 按尺寸绘制零件图（一）

1.

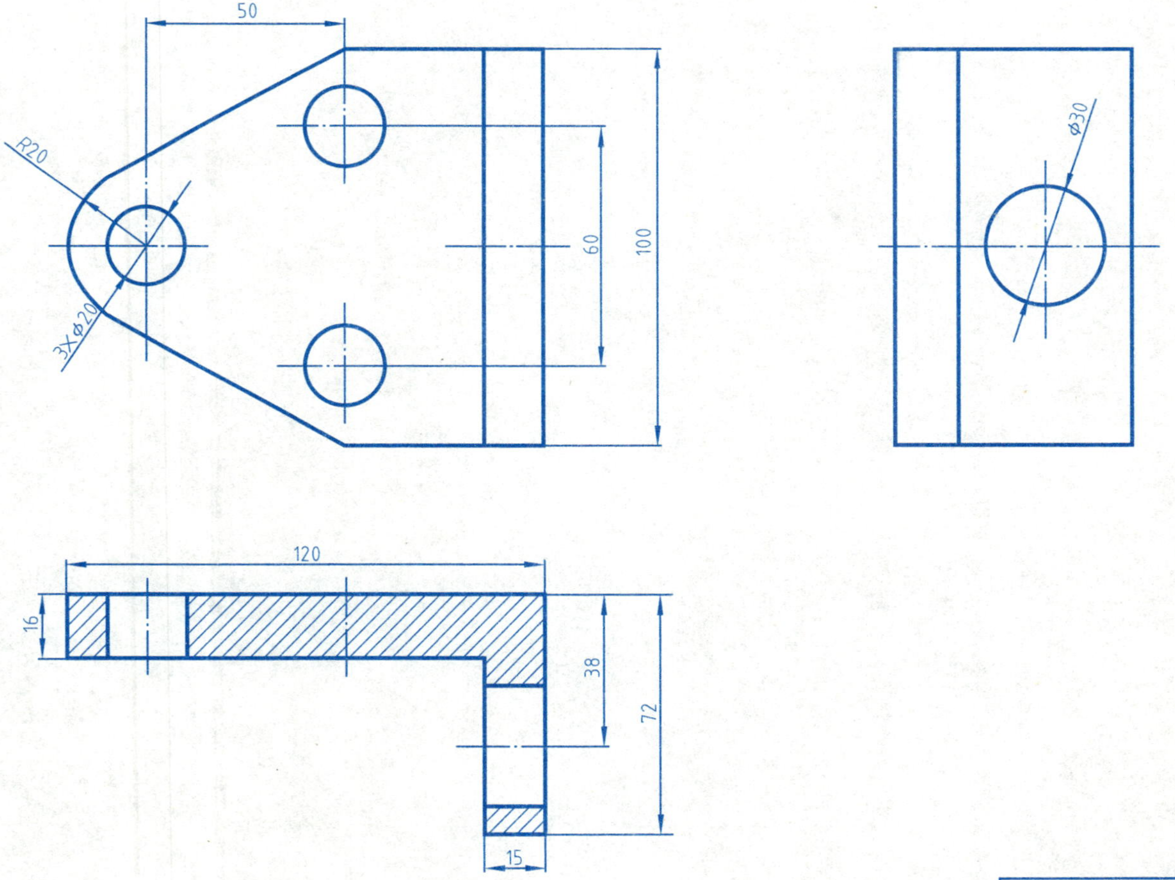

(图名)			比例		(图号)	
			件数			
制图		(日期)	重量		材料	
描图		(日期)	(校名)			
审核		(日期)				

2.

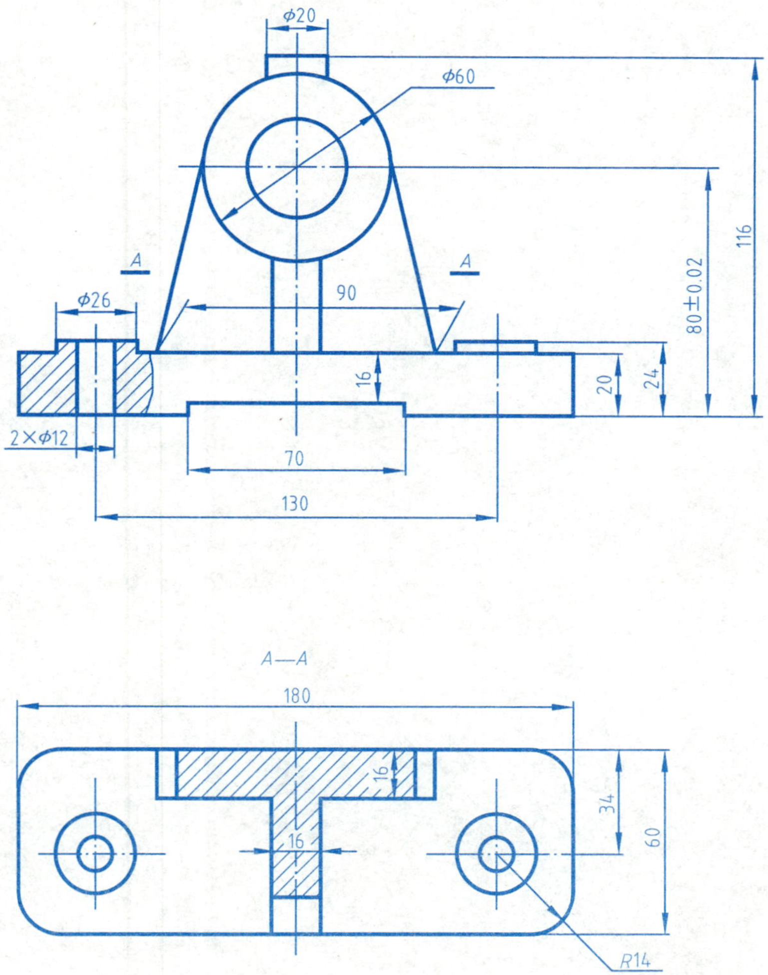

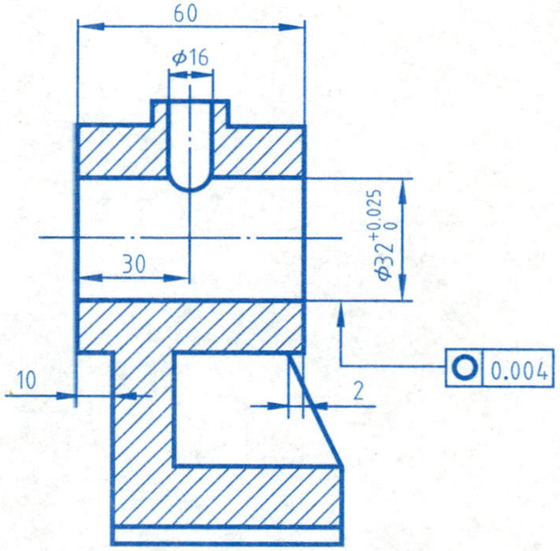

(图名)			比例		(图号)	
			件数			
制图		(日期)	重量		材料	
描图		(日期)	(校名)			
审核		(日期)				

班级　　姓名　　学号　　审核

3.

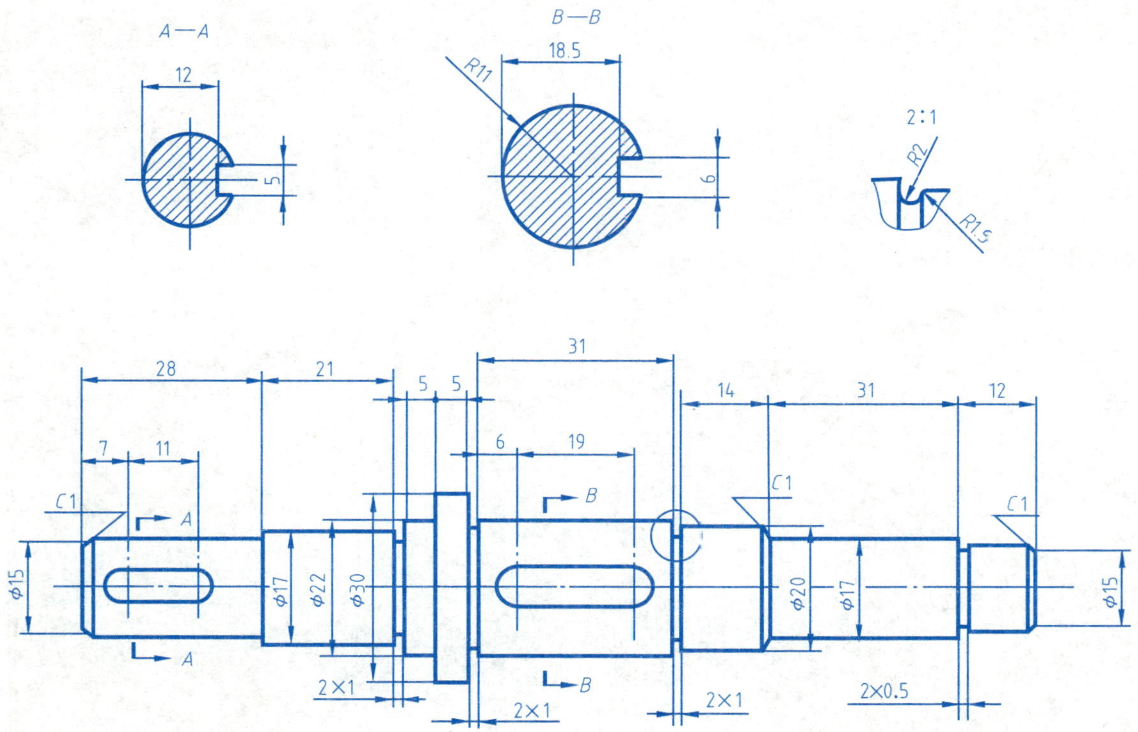

(图名)			比例		(图号)	
			件数			
制图		(日期)	重量		材料	
描图		(日期)	(校名)			
审核		(日期)				

4.

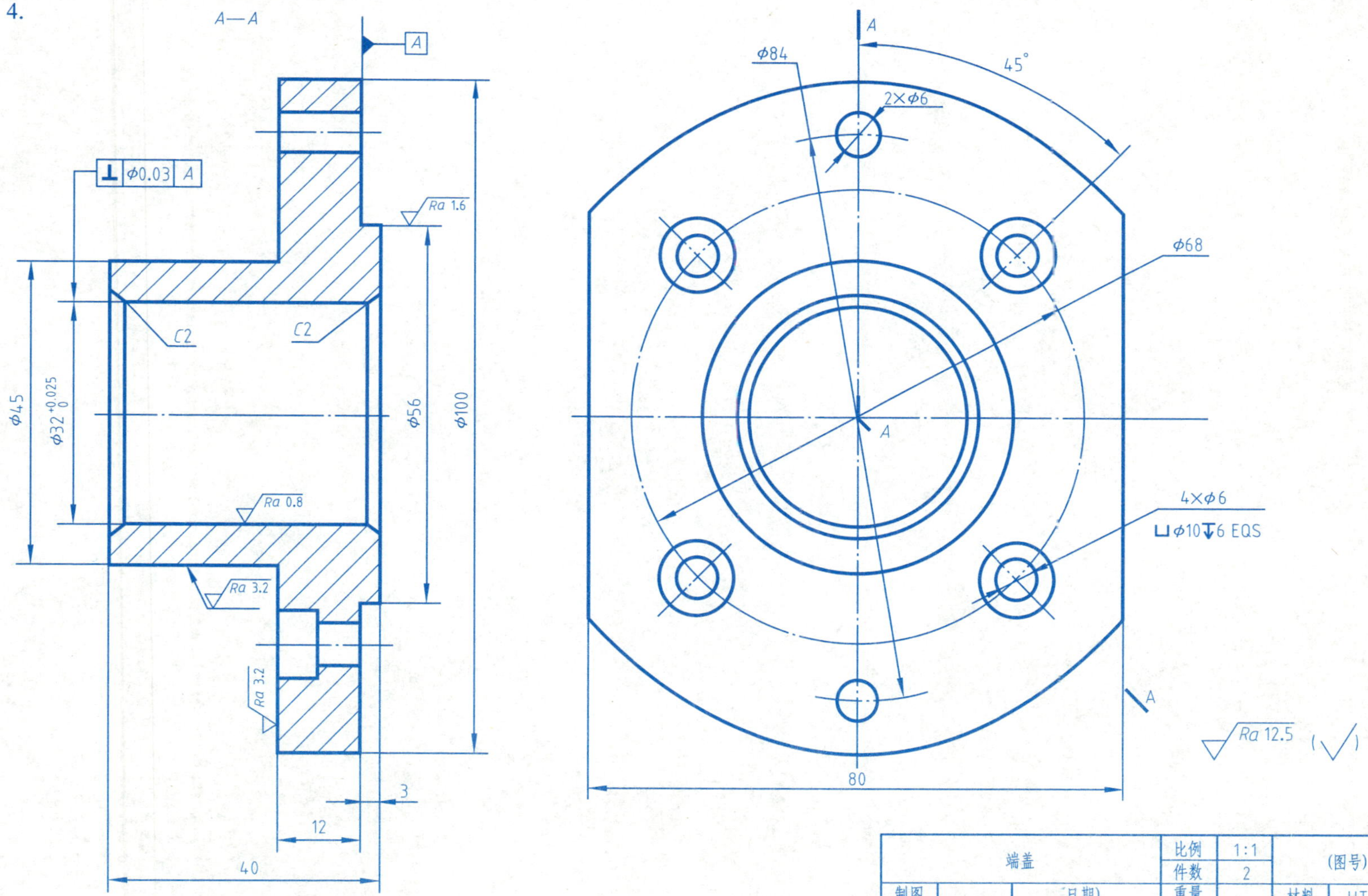

端盖			比例	1:1	(图号)	
			件数	2		
制图		(日期)	重量		材料	HT200
描图		(日期)		(校名)		
审核		(日期)				

班级　姓名　学号　审核

5.

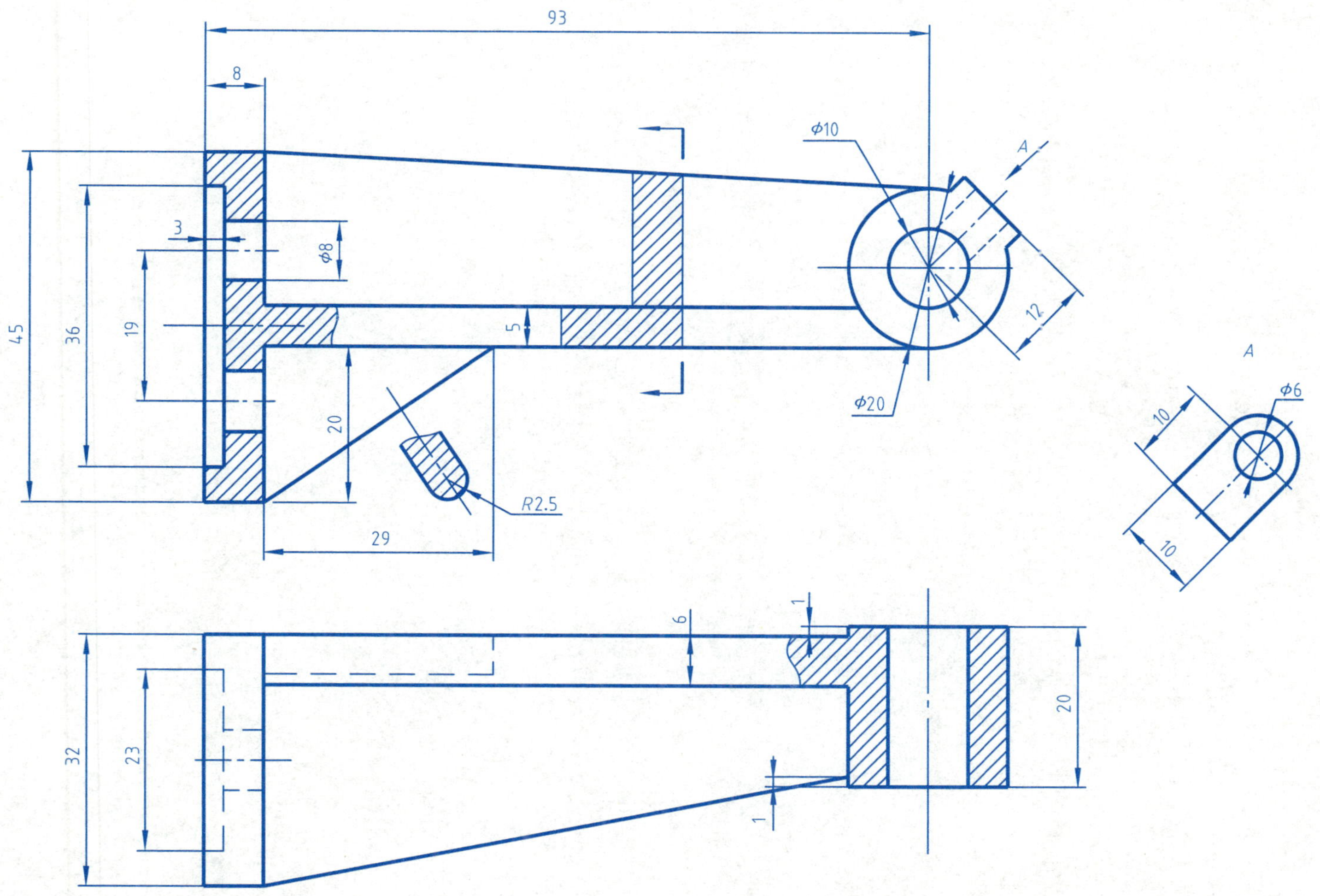

6.

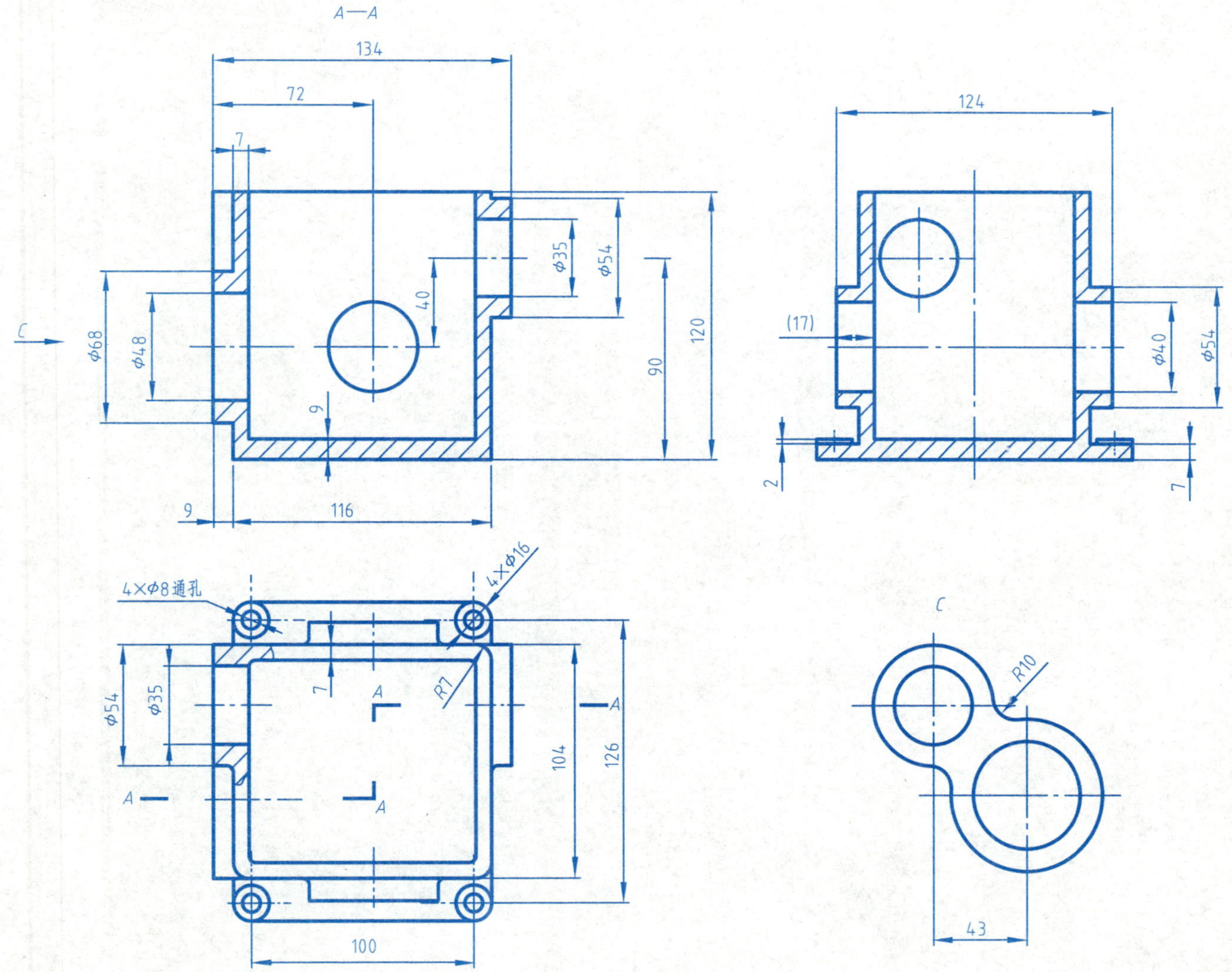
A—A
134
72
7
φ35
φ54
40
120
90
φ68
φ48
C
9
9
116
124
(17)
φ40
φ54
2
7
4×φ8通孔
4×φ16
R7
7
A
A
φ54
φ35
104
126
A
A
100
C
R10
43

第五单元　运用 AutoCAD 2021 绘制装配图

5-1　装配图（一）

1. 根据装配示意图和零件图，绘制千斤顶装配图（A3）

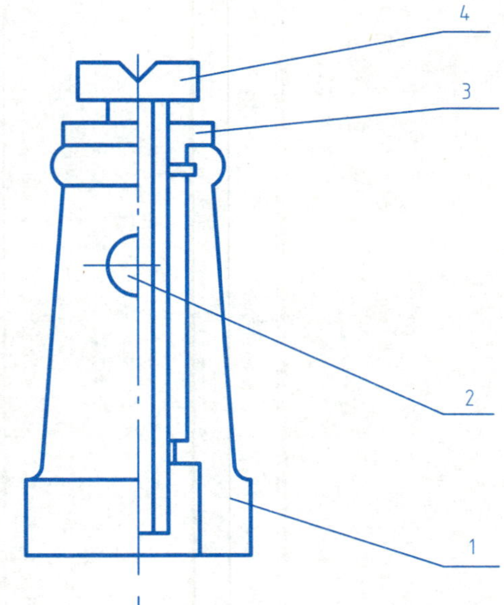

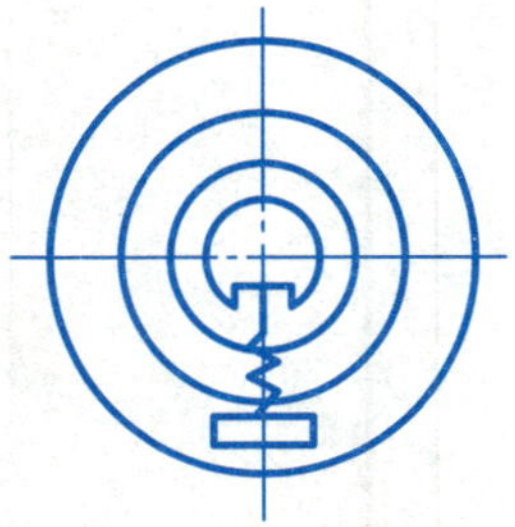

4	调整螺杆	1	45	
3	调整螺母	1	45	
2	锁紧螺钉	1	35	
1	底座	1	HT200	
序号	名称	数量	材料	

千斤顶		比例		(图样代号)
		件数		
制图	(签名)	(　年　月　日)	重量	共　张　第　张
描图			(学校名称)	
审核				

(1)

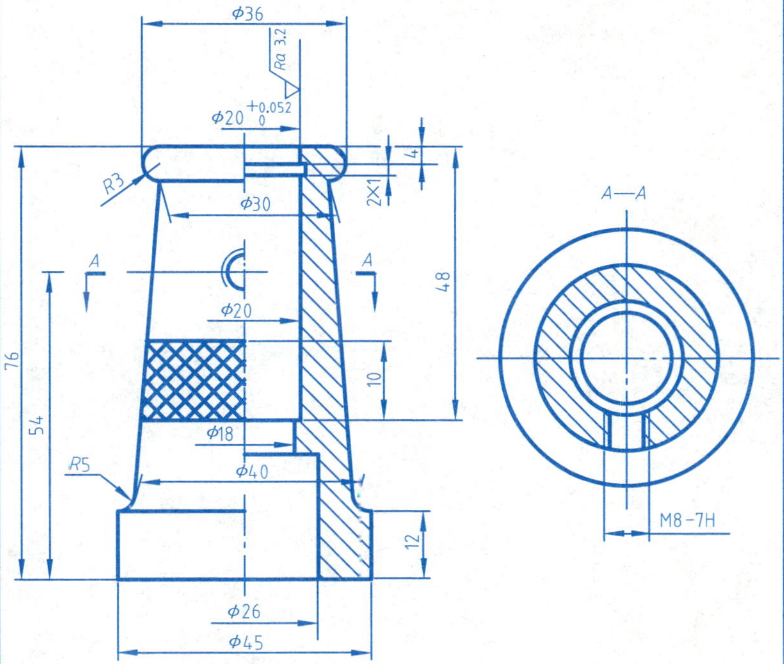

Ra 3.2 (√)

序号	名称	数量	材料
1	底座	1	HT200

（2）

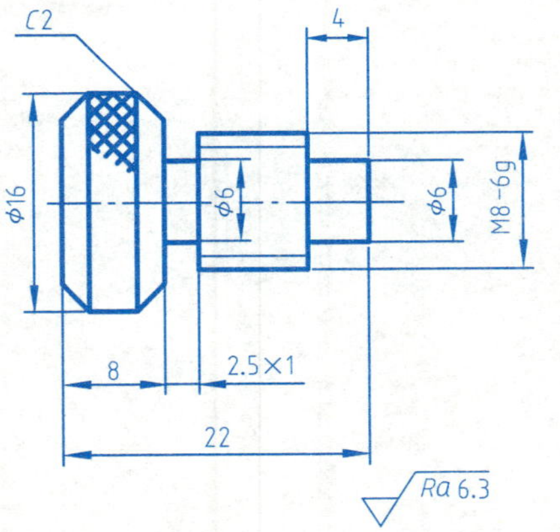

序号	名称	数量	材料
2	锁紧螺钉	1	35

（3）

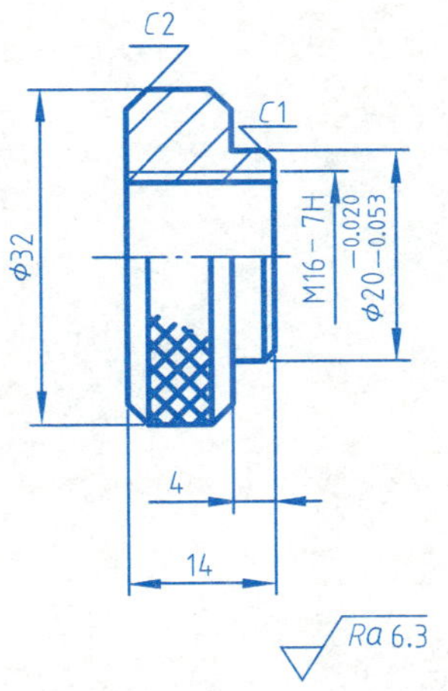

序号	名称	数量	材料
3	调整螺母	1	45

（4）

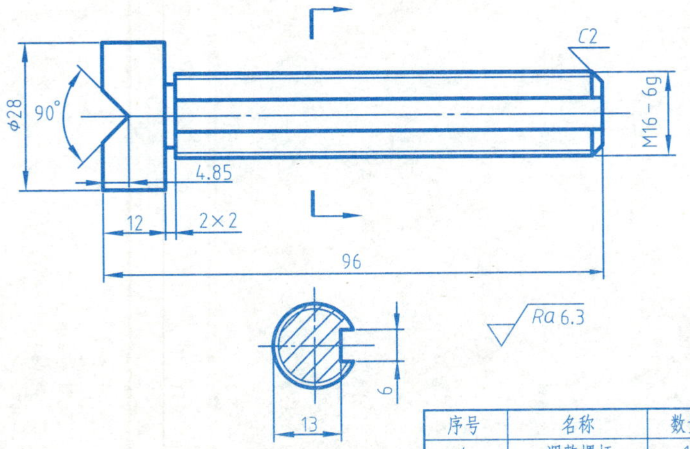

序号	名称	数量	材料
4	调整螺杆	1	45

2. 根据装配示意图和零件图，绘制铣刀头装配图（A3）

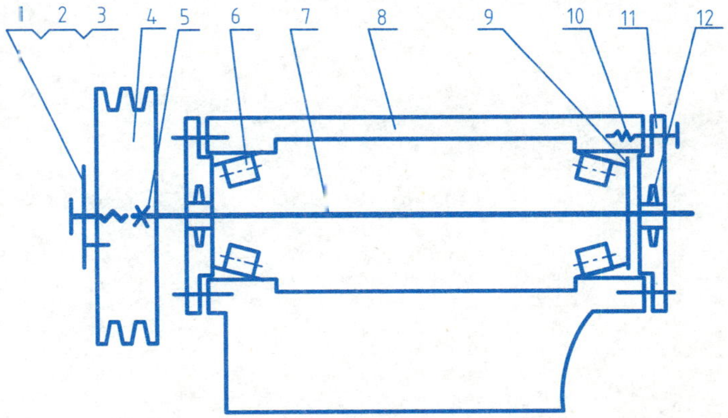

序号	名称	件数	材料	备注
12	毡圈	2	羊毛毡	
11	端盖	2	HT200	
10	螺钉M8	12	35	GB/T 70
9	调整环	1	35	
8	座体	1	HT200	
7	轴	1	45	
6	轴承30307	2	GCr15	GB/T 297
5	键8×7×25	1	45	GB/T 1096
4	带轮A型	1	HT150	
3	销3m6×12	1	35	GB/T 119
2	螺钉M6	1	35	GB/T 68
1	挡圈35	1	35	GB/T 891

铣刀头		比例		（图样代号）
		件数		
制图	（签名）	（ 年 月 日）	重量	共 张 第 张
描图			（学校名称）	
审核				

（1）

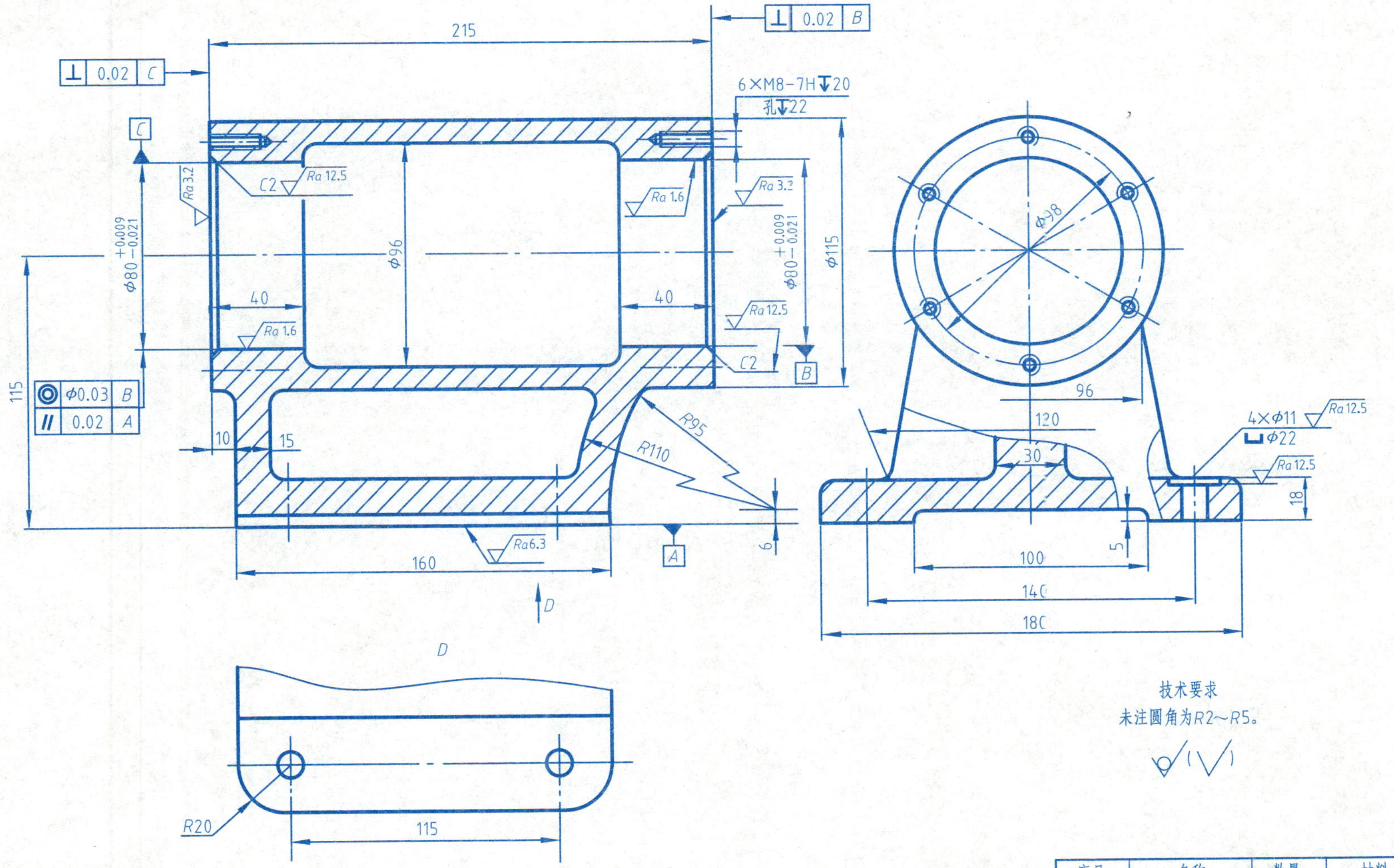

技术要求

未注圆角为R2~R5。

序号	名称	数量	材料
8	座体	1	HT200

班级　　姓名　　学号　　审核

(2)

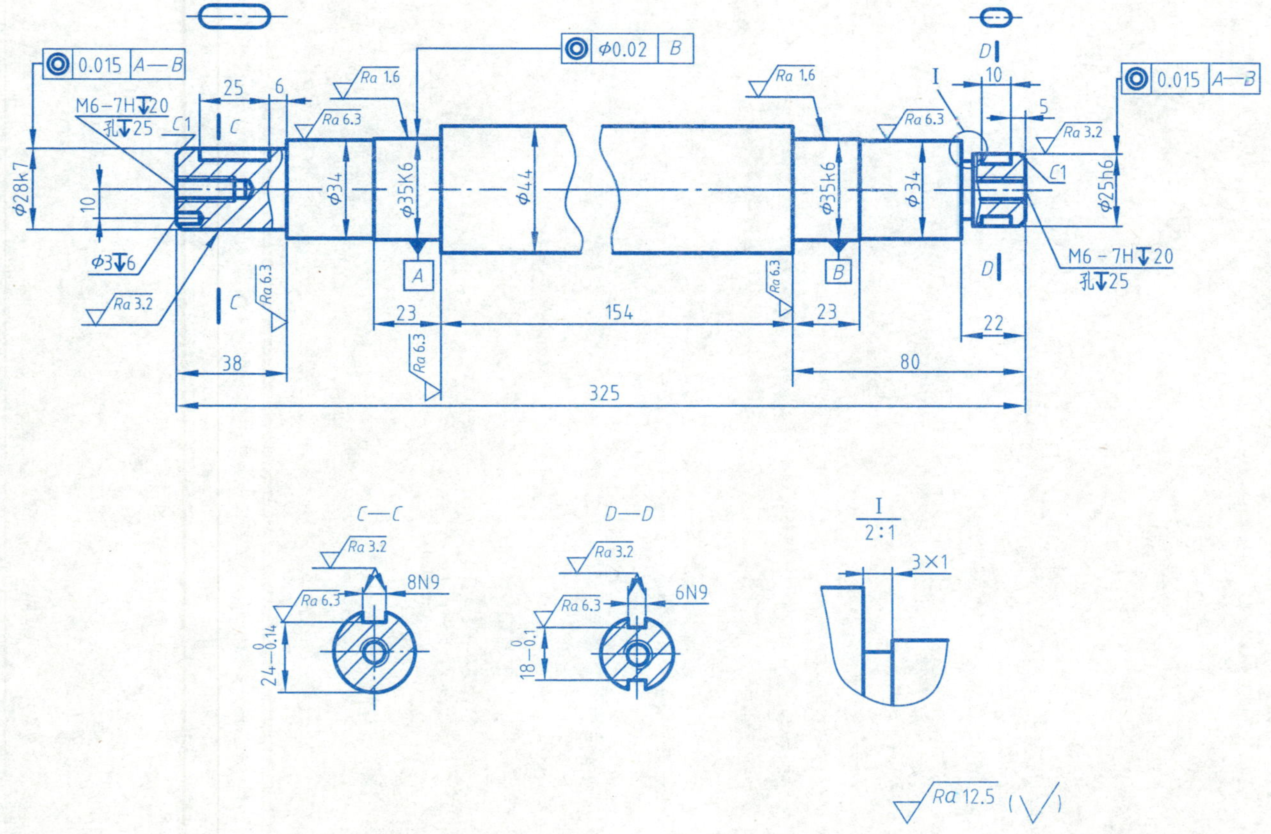

序号	名称	数量	材料
7	轴	1	45

(3)

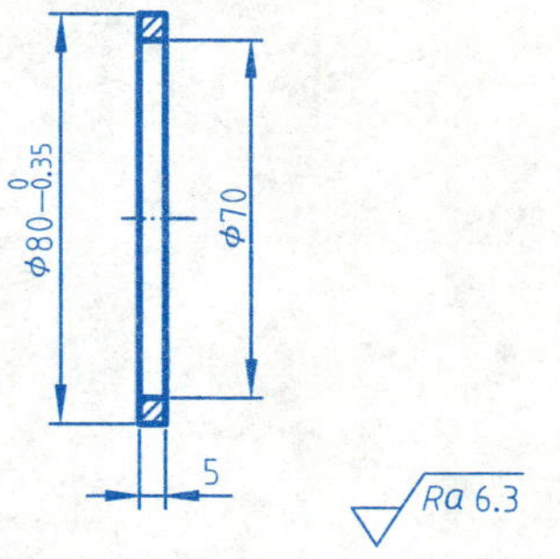

序号	名称	数量	材料
9	调整环	1	35

(4)

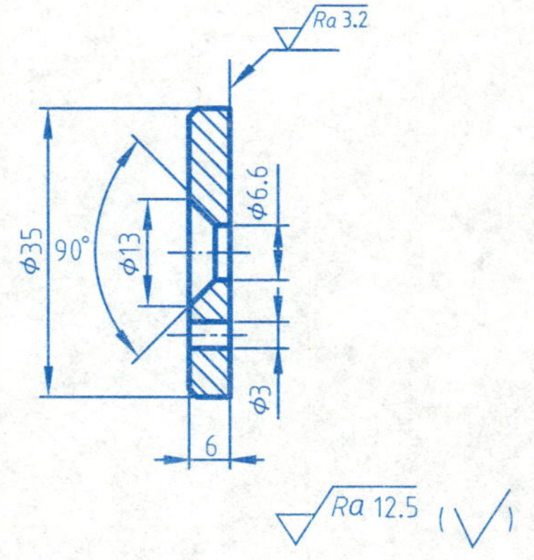

序号	名称	数量	材料
1	挡圈35	1	35

班级　　　　姓名　　　　学号　　　　审核

（5）

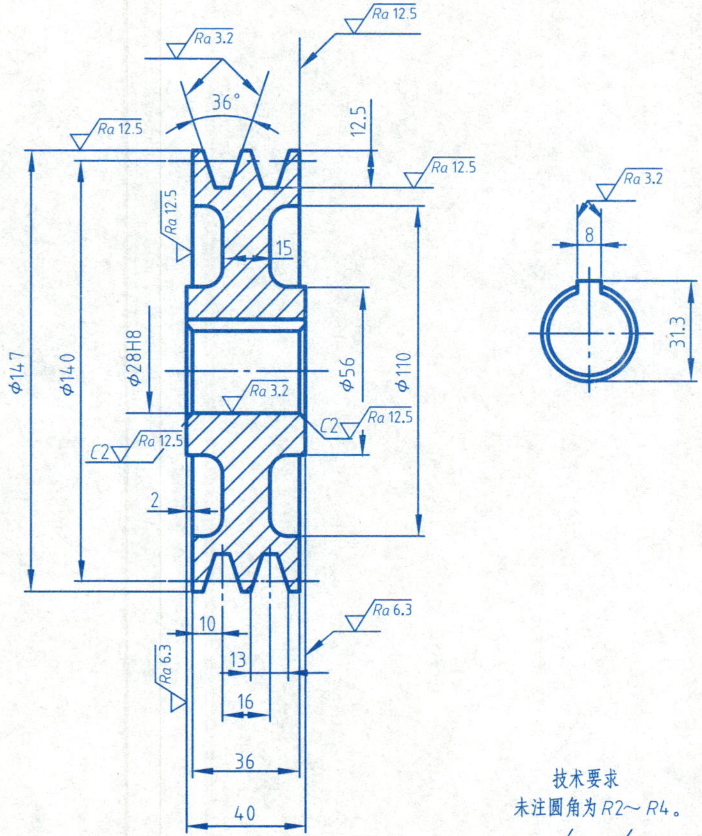

技术要求
未注圆角为 R2～R4。

序号	名称	数量	材料
4	带轮A型	1	HT150

（6）

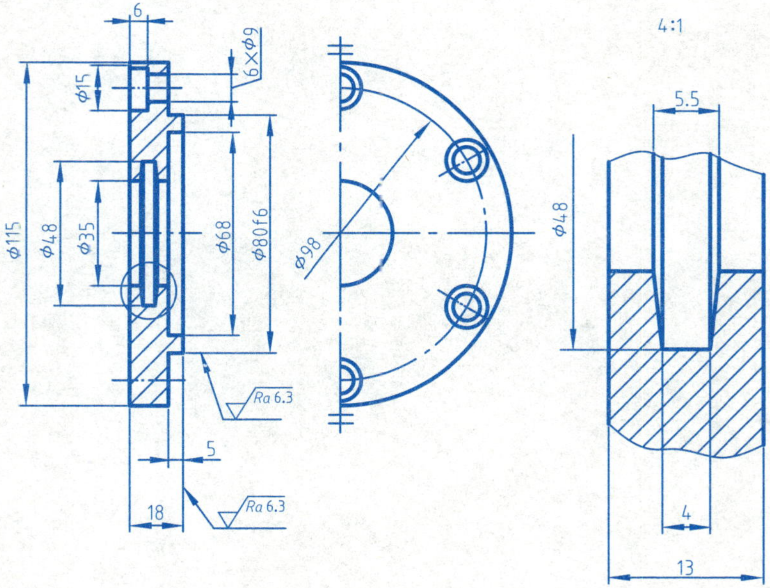

序号	名称	数量	材料
11	端盖	2	HT200

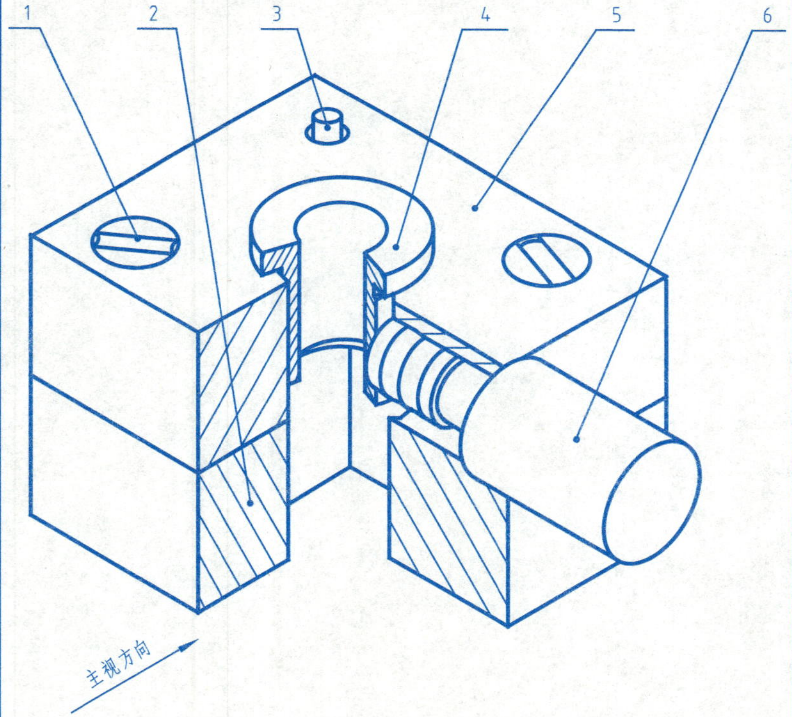

钻模零件表

6	ZM-06	手把	1	Q235	
5	ZM-05	模体	1	HT150	
4	ZM-04	套筒	1	40Cr	
3	ZM-03	圆柱销	2	Q235	
2	ZM-02	模座	1	HT150	
1	ZM-01	开槽沉头螺钉	2	Q235	
序号	代号	名称	数量	材料	备注

参照钻模的轴测图，识读全部零件图，绘制其装配图。

一、钻模的用途

在零件的凸出结构或杆类零件的端面钻孔时，用该钻模进行对中定位。

二、工作原理

手持手把 6 将钻模下面的孔套于被钻孔的凸出结构上，钻头以套筒 4 的孔对中，进行钻孔加工。根据被加工零件的不同结构和形状，可更换模座 2，使模座孔与被钻孔结构形状一致。根据钻孔大小更换套筒 4。模体 5 与模座 2 用圆柱销 3 定位，通过开槽沉头螺钉 1 连接在一起。

三、作业要求

1. 图纸

采用 A3 幅面图纸。

2. 表达方案

主视图的投影方向应垂直于手把 6 的轴线，主视图采用单一剖的全剖视图；俯视图为基本视图；左视图为局部剖视图，主要表达螺钉、销的连接结构；此外，还要用局部视图来表达模座方孔的形状。手把可采用断开的简化画法。

3. 尺寸标注

1）性能尺寸。模座方孔尺寸 20H9、24H9，套筒的内径尺寸 ϕ14H7。

2）装配尺寸。套筒 4 与模体 5 的配合尺寸 22H7/h6，手把 6 与模体 5 的螺纹连接尺寸 M12-6H/5g，圆柱销 3 与模体 5 的配合尺寸 6H7/m6，圆柱销 3 与模座 2 的配合尺寸 6H7/m6。

3）总体尺寸（自行计算）。

4. 技术要求

1）装配时注意避免碰伤零件。

2）装配后手把应转动灵活。

班级　　姓名　　学号　　审核

5. 零件图

(1)

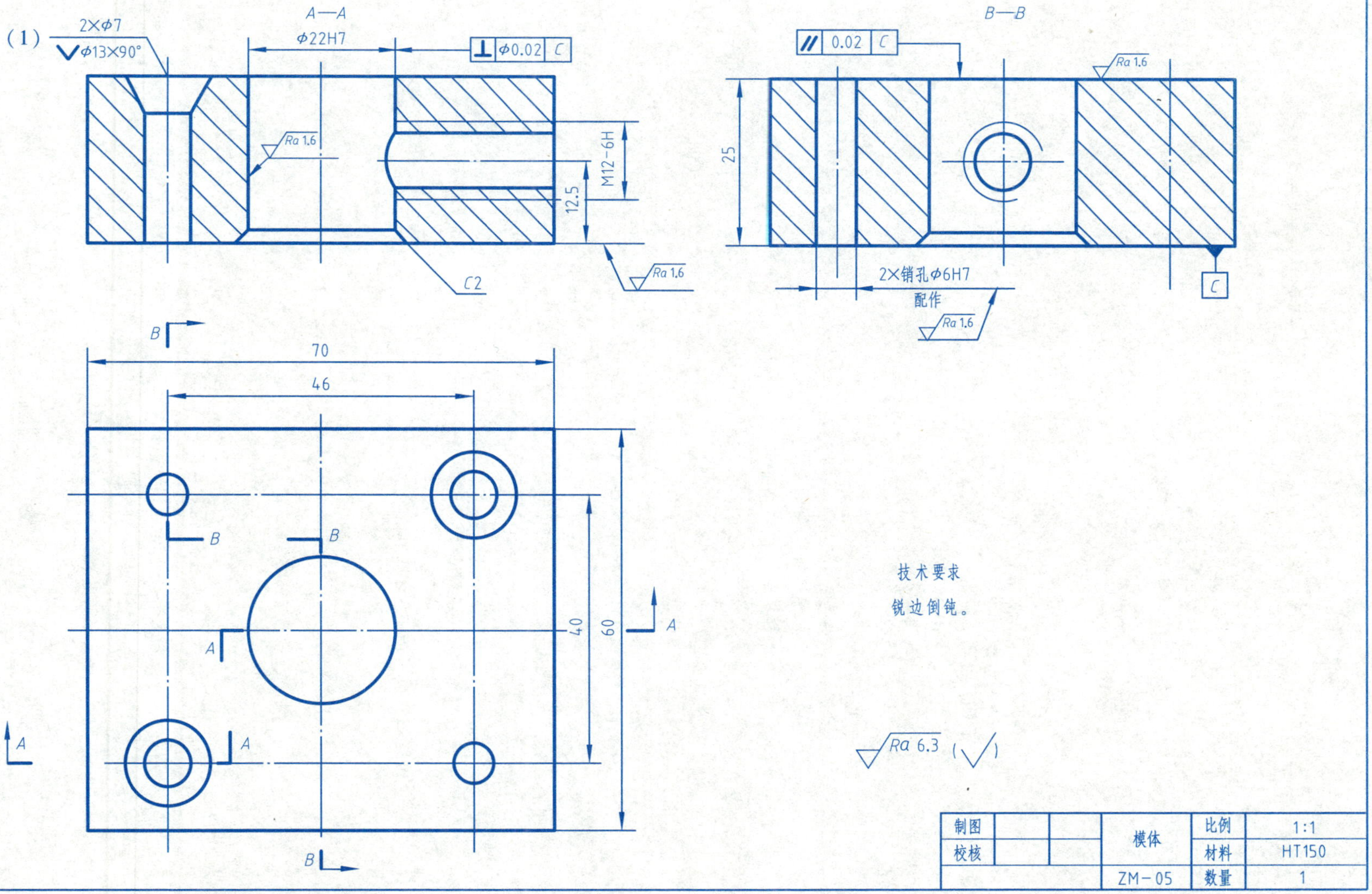
A—A
2×Φ7
Φ13×90°
Φ22H7
⊥ Φ0.02 C
Ra 1.6
M12-6H
12.5
C2
B—B
// 0.02 C
25
2×销孔Φ6H7
配作
C
70
46
40
60
A
B
技术要求
锐边倒钝。
Ra 6.3 (√)
制图
校核
模体
ZM-05
比例 1:1
材料 HT150
数量 1

（2）

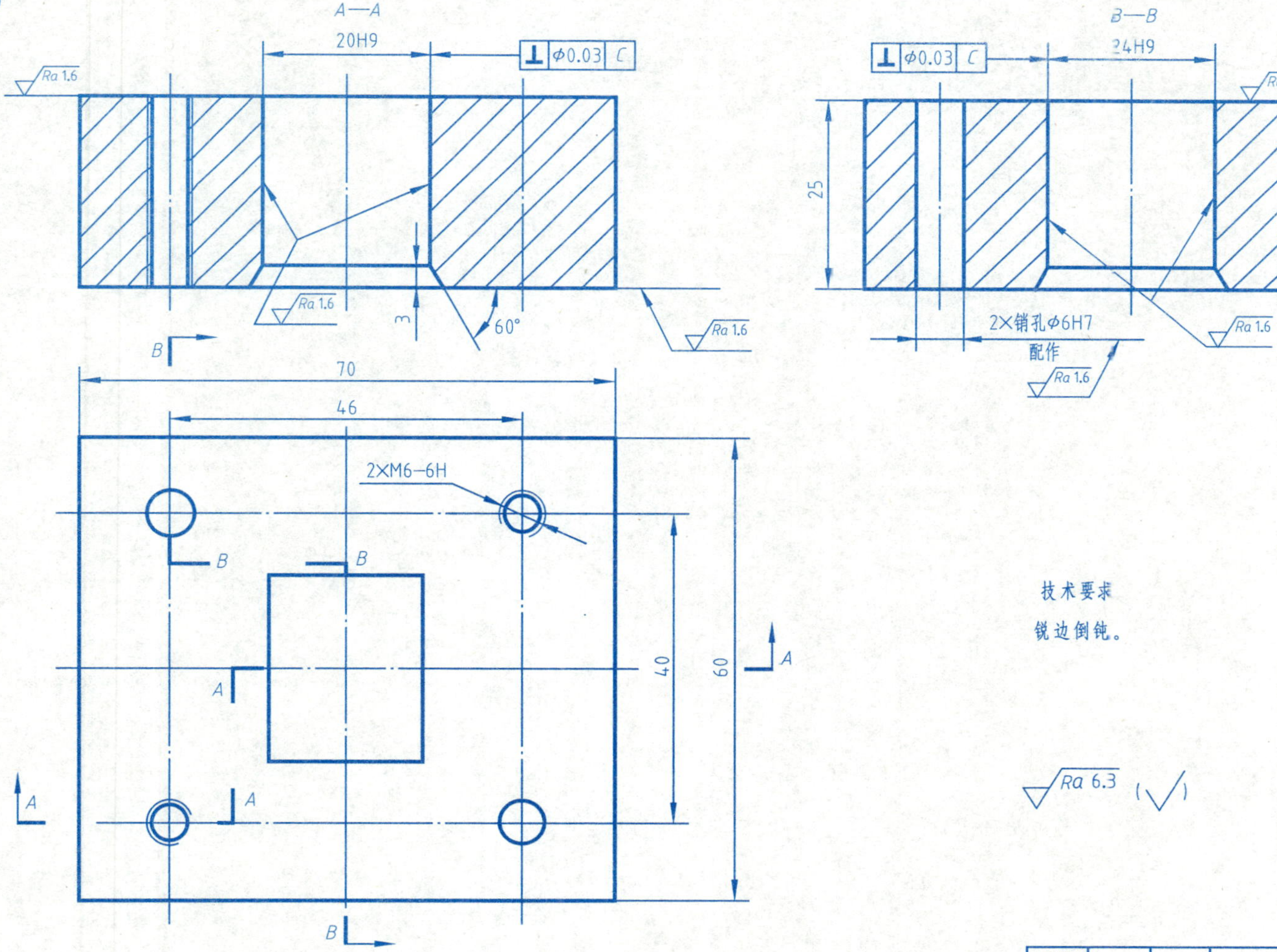

制图			模座	比例	1:1
校核				材料	HT150
			ZM-02	数量	1

5-2 根据钻模零件图和装配轴测图，用计算机绘制其装配图（四）

（3）

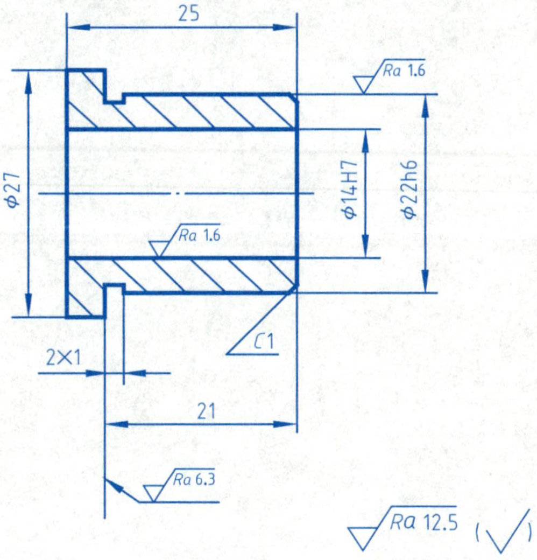

制图			套筒	比例	1:1
校核				材料	40Cr
			ZM-04	数量	1

（4）

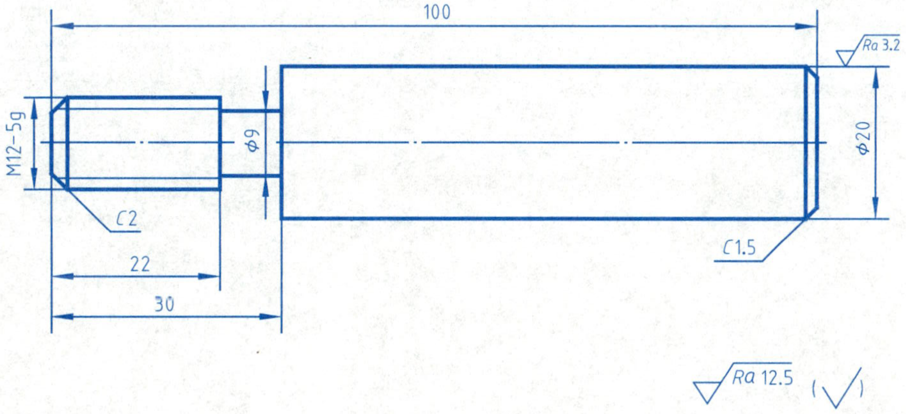

制图			手把	比例	1:1
校核				材料	Q235
			ZM-06	数量	1

参 考 文 献

[1] 王幼龙. 机械制图 [M]. 北京: 高等教育出版社, 2006.

[2] 王幼龙. 机械制图习题集 [M]. 北京: 高等教育出版社, 2006.

[3] 钱可强. 机械制图 (多学时) [M]. 2版. 北京: 机械工业出版社, 2016.

[4] 钱可强. 机械制图习题集 (多学时) [M]. 2版. 北京: 机械工业出版社, 2016.

[5] 钱可强. 机械制图 [M]. 5版. 北京: 中国劳动社会保障出版社, 2007.

[6] 凌颂良. 教与学新方案 机电篇 机械制图 [M]. 北京: 光明日报出版社, 2006.

[7] 何铭新, 钱可强. 机械制图 [M]. 北京: 高等教育出版社, 2004.